数学教育丛书

扫码查看资源

数学教学设计与实施

SHUXUE JIAOXUE SHEJI YU SHISHI

U0247861

曹一鸣　王光明　代　钦◎丛书主编

曹一鸣◎主编

王重洋　王　祎　马迎秋◎副主编

北京师范大学出版集团
BEIJING NORMAL UNIVERSITY PUBLISHING GROUP
北京师范大学出版社

图书在版编目(CIP)数据

数学教学设计与实施/曹一鸣主编. —北京：北京师范大学出版社，2021.7(2024.7重印)

（数学教育丛书）

ISBN 978-7-303-27074-3

Ⅰ.①数… Ⅱ.①曹… Ⅲ.①数学教学－教学设计 Ⅳ.①O1

中国版本图书馆 CIP 数据核字(2021)第 117249 号

图书意见反馈：gaozhifk@bnupg.com 010-58805079
营销中心电话：010-58802181 58805532

出版发行：北京师范大学出版社 www.bnupg.com
　　　　　北京市西城区新街口外大街 12-3 号
　　　　　邮政编码：100088

印　　刷：天津中印联印务有限公司
经　　销：全国新华书店
开　　本：787 mm×1092 mm　1/16
印　　张：11.25
字　　数：202 千字
版　　次：2021 年 7 月第 1 版
印　　次：2024 年 7 月第 3 次印刷
定　　价：29.80 元

策划编辑：刘风娟　　　　　责任编辑：刘风娟
美术编辑：焦　丽　　　　　装帧设计：焦　丽
责任校对：陈　民　　　　　责任印制：陈　涛　赵　龙

序

现代社会的发展与进步离不开教育，教师是影响教育水平、"办好人民满意的教育"的一个关键因素。教师的素质在很大程度上决定了教育的质量。人们越来越意识到卓越教师培养、教师教育标准化建设的重要性。

教师的专业发展受多方面因素影响和制约，其中学科教学知识是一个重要方面，并对学生学习产生显著影响。自舒尔曼（Scheuermann）提出教学内容知识（Pedagogical Content Knowledge，PCK）的概念后，研究者们从两个方面来对教师知识进行研究，一方面是影响教学的教师知识类别及其理论，另一方面是通过发展测试工具去研究教师知识。近年来，数学教育界的研究者沿着PCK概念，针对数学教学内容知识的内涵、构成、特征、发展途径等方面，从数学教学知识的理论（如 Mathematical Knowledge for Teaching，MKT）到数学教学知识的测量，以及教师的数学教学知识与课堂教学其他因素之间的关系等进行了一系列的研究与探索。这对数学教师专业发展及培训起到积极的指导和推动作用，有效地促进了数学教育方向的课程体系建构和不断地完善。以数学教育教学实践活动与问题为导向，进一步突出了职业实际需求与实践能力培养。在课程内容设置上，重视案例教学，紧密联系数学课程改革的最新发展，加强课程标准与教材研究。在教学方式上，改变传统单一的教学方式，注重教师讲授、指导与学生自主学习、见习、实践技能训练融合，搭建课堂教学、课外学习研讨、互联网平台的在线学习与交流研讨学习平台，开辟了数学教育课程改革的新天地。

自 2009 年开始，我们针对当时数学教育本科、研究生教学的实际需要，汇集了国内师范院校的一大批数学教育专家学者，陆续出版《"京师"数学教育丛书》，定位服务于数学教育方向的本科、研究生课程教材建设。这套系列教材，对于数学教育课程建设、教学实践起到了重要的推动作用。2016 年 12 月，在首都师范大学召开的学科教育（数学）专业硕士教学案例库建设研讨会期间，全国教育硕士教育指导委员会秘书长张斌贤教授建议，在这一套丛书的基础上，根据新的教育硕士专业学位培养方案，出版一套可供学科教学（数学）专业硕士研究生培养的专业学位课推荐教材。

这一建议立即得到与会者的积极响应，随即与相关作者以及北京师范大学出版社联系，这一工作和大家的想法不谋而合。事实上，早在 2015 年，部分作者和出版社已经起动了书稿的修订工作。教材出版已近 10 年了，一些内容需要更新是必然的，这本教材还有很多读者，则在根本上表明这本教材具有很强的生命力，因此有必要进行修订和完善。这正是教材编写、出版的基本规律。教材往往需要通过多次修订再版后才能逐渐成熟，成为经典。

2017 年 11 月，在广州大学承办的全国数学教育研究会常务理事会期间进一步进行了讨论和交流。经协商，由全国数学教育研究会理事长、北京师范大学曹一鸣教授，全国数学教育研究会学术委员会主任、《数学教育学报》主编、天津师范大学王光明教授，全国数学教育研究会秘书长、内蒙古师范大学代钦教授担任丛书主编，根据新的课程计划，紧密结合新的数学课程标准要求，以及数学教育研究最新研究进展，在原丛书的基础上组织修订，或重新编写相应的教材。

本书是根据新要求编写的一本面向数学教育专业研究生、本科生的教材，并经全国教育硕士教学指导委员会审定，向全国推荐使用。

丛书编委会

前　言

　　20 世纪 80 年代开始，我国师范专业毕业学生成为教师队伍的主要来源。进入 21 世纪，出现了师范院校向综合性院校发展的潮流，但近年来又开始出现综合性院校办师范专业的现象，而且开放了教师资格证书的社会考试，大量硕士、博士研究生进入中小学任教。教师教育人才培养模式也在不断地探索、实践、改革，对教师职业特点的认识不断清晰。

　　2011 年 10 月 8 日，中华人民共和国教育部颁发了《关于大力推进教师教育课程改革的意见》。明确提出要"深化教师教育改革，全面提高教师培养质量，建设高素质专业化教师队伍""优化教师教育课程结构""遵循教师成长规律，科学设置师范教育类专业公共基础课程、学科专业课程和教师教育课程，学科理论与教育实践紧密结合"。同时特别强调，要开设学科课程标准与教材研究、学科教学设计、综合实践活动等课程。很多院校面向数学教育方向的本科生、研究生开设了数学教学设计与实施方面的相关课程。

　　要成为一名合格的数学教师，扎实的专业知识是专业素质的主要内容之一，是教师展开正常教学、保证基本教学品质的必备条件。数学教师的专业知识一般包括数学专业、教育学、心理学等方面的概念、原理、方法等。数学教师还需要将这些知识转化为能让学生更好地理解数学、提升数学素养与综合能力"教育形态"的实践知识。因此，数学教师除了掌握必备的数学知识之外，还需要通过系统专业培训和学习学会教学，提升教学实践能力。学会教学是对每一位教师的基本要求，而教学设计则是教学实践过程中的一个关键环节，因此，掌握如何进行教学设计并进行教学实施，则成为教师教育类的核心专业课。

数学教学设计是针对数学学科特点、具体的教学内容和学生的实际情况，遵循数学教学与学习的基本理论和基本规律，按照课程标准的要求，系统运用数学理论和方法，整合课程资源，制订教学活动的基本方案，并对所设计的初步方案进行必要的反思、修改和完善的系统工程。数学教学的设计和实施效果，依赖于教师的综合素养。立足于促进学生数学素养发展的长远目标，教学设计与实施需要紧密结合数学教学改革实际需要与走向，将理论化的教学理念，转化为切实可行的教学行动。希望通过对这一课程的系统学习和研究，能够提升教师的实践能力和综合素养。

本书由曹一鸣提出基本思路，经过与各位作者多次反复讨论，并在进一步征求其他数学教育研究专家、教研员、一线教师的意见的基础上，经过多轮教学实践修改与完善的基础上而形成的。各部分内容的分工及其目标如下。

（1）第1、第2章由曹一鸣撰写。这两章主要是系统地介绍数学教学设计的一般概念、原理和基本方法，以及实施的目的和意义。

（2）第3、第4章由王重洋撰写，第5、第6章由王祎撰写。这四章主要介绍数学教学中最基本和最常见的数学概念、命题、复习课和习题课的教学设计与实践的基本原理和方法，并结合典型案例进行分析，将数学课程改革的新理念渗透到教学实践中，可以帮助教师掌握数学常规教学问题的教学设计与实施的基本方法，提升数学教学实践能力。

（3）第7章由马迎秋撰写，第8章由曹一鸣和王祎撰写，第9章由曹一鸣和王重洋撰写。这三章紧扣当前数学教学改革发展前沿动态，分别对问题解决、单元教学、信息技术等综合性专题的教学设计与实施的理论和方法，结合典型的教学案例进行分析。将基本数学教学设计以及教学技能，与综合解决教学实际问题结合，提高教师深刻理解数学教学理论，整体把握数学教学及课程设计与实施的能力。

本书的出版得到了北京师范大学数学科学学院、北京师范大学出版社的大力支持。北京师范大学出版社刘风娟编辑倾注了大量的心血，在此一并致谢。由于时间及知识水平所限，本书在编写过程中难免有不足之处，恳请各位读者批评指正，以便在后续的修订中进一步完善。

目　录

第 1 章 数学教学设计概述

　　新学期即将开学了，陈老师接到的教学任务是跟随原来的班级，继续担任八年级两个班级的数学课程的教学任务。这对他来说不是一个很大的挑战，这一批学生已经和他愉快的相处了两个学期，且八年级的数学课程三年前已经教过，那么他是不是就可以直接走进教室，开始新学期第一课的数学教学了？

　　显然没有那么简单，三年前的教学设计已经不能适应新的教学理念，现在班级的学生也不是三年前的学生。如何规划本学期的教学内容？如何上好开学第一课？这实际上就是每位教师面临的日常教学工作之一：教学设计。

　　本章围绕数学教学设计的基本概念与原理，重点分析与回答以下几个方面的问题：什么是数学教学设计？为什么要进行数学教学设计？怎样进行数学教学设计？教学设计需要考虑哪些重要因素，依据哪些教育理论？如何根据数学的特点、学生的特点以及课程标准的要求进行教学设计？

1.1 数学教学设计的概念与基本理论

　　"凡事预则立，不预则废。"做任何事，要想成功都需要做前期准备和规划。精心准备是上好课的前提，是教学工作的重要环节。以前，常常将教学前的准备称之为"备课"，主要是根据教材、教学参考用书、教学大纲(课程标准)、教辅资料，在教学内容、教学方法、教学重点和难点方面做准备。这种准备(备课)，主要以教师个体的经验为基础，以行为主义心理学关于"刺激—反应"理论为指导，主要指标是知识的逻辑性与条理性，并以是否完成教学任务为首要的标准。现代教学设计则是以教学理论、学习理论、系统科学理论、传播理论等为基础，以学生积极参与到教学活动，并实现学生在能力和素养上的长远发展为目标的整体规划和设计。

　　理解教学设计的含义，掌握并灵活运用教学设计原理和方法，是现代教学理念得以实施的重要环节，是教师最基本的教学工作，也是教师专业成长的基本路径和必备的基本功。

　　教学设计是教学活动的最基本、最重要的前期准备工作。制订一个设计方案必然需要系统的观点和方法，考量课程整合的资源，结合行业的特点需求和规律，制订基本的活动步骤。教学设计是教学有目标、有计划、有秩序、有反思运行的基本保障，是在教学理论指导下对教学做出的一种规划和安排，这种规划和安排有先进的教育理念引领，有科学的教学要素分析，有细致的教学流程安排，有清晰的教学逻辑结构，有深刻的教学反思检测。

数学教学设计则是针对数学学科特点、具体的教学内容和学生的实际情况，遵循数学教学与学习的基本理论和基本规律，按照课程标准的要求，运用系统的观点和方法整合课程资源、制订教学活动的基本方案，并对所设计的初步方案进行必要的反思、修改和完善的一种教学活动。数学教学设计是理论指导下的数学教学活动的规划，是教学活动过程发生前的行动预案，因此，要求兼具科学性、合理性和可操作性。

数学教学设计设计者要考虑很多方面。首先，教学内容要合理选择与精心组织。如何选取反映数学基本思想、数学核心知识、具有一定的挑战性的教学任务，是教学设计的最重要的基本素材。当然，好的内容素材并不能确保取得好的教学效果，正像好的食材，并不一定能保证做成美味佳肴一样，厨师的加工水平起到很大的作用。教学是一门科学，更是一门艺术，教师对教学内容的艺术加工水平在很大程度上决定了教学的效果（教师水平的高低首先也会体现在教学内容的选择和组织上）。教学内容的呈现方式、课程标准对数学教学内容的要求，教学对象具体特点的学情掌握，教学相关理论（如教学论、学习论、系统论、信息传播理论等），教学方法与教学技术的合理选择与运用，对教学方案的实施效果做出价值评判等都是教学设计中需要考虑的因素。

其次，规划、设计要有短期和中长期之分。相应地，根据教学规划的实际，数学教学设计也有短期和中长期之分，主要有课堂教学设计、单元教学设计、学期教学设计、学年教学设计、学段教学设计等类型。基于一节课的教学活动进行的课堂教学设计，是教学实践中最基本、最主要的类型。如果没有特殊说明，将这种简称为（数学）教学设计。

一个完整的教学设计，需要满足以下几个方面的要求。

（1）数学教学设计需要以现代数学教学理论为指导，以数学课程标准为依据。数学教学设计要按照课程标准的要求，将数学课程改革与发展的先进理念与数学课程内容呈现方式有机整合在一起，有利于学生更好地理解数学的基础知识、掌握数学基本技能，发展数学能力与素养，提升运用数学发现问题、提出问题、分析问题和解决问题的能力，培养学生数学学习的兴趣，形成正确的数学观。

（2）教学设计要紧密围绕学生的"学"而设计。数学教学设计要充分考虑到学生学习过程中可能遇到的问题，教学内容的重点和难点。要设计恰当的情境，帮助学生更好地理解数学、运用数学，设计能启发学生积极思考的问题，实现有意义的知识建构，形成完善的数学认知结构。

（3）教学设计要设计合理的教学方式和学生的数学学习活动。教学设计要将教师的教学活动和学生的学习活动有机融合，注重教师组织、引导学生探究发现，学生自主学习与小组合作讨论交流等多种方式结合，具有明确的目的性、可操作性以及一定的计划性。

（4）教学设计要注重多种资源的选取与合理运用。教学设计要根据需要整合教科书内容、教辅资料和教学参考资料，精心选择和组织互联网的优质资源。

（5）教学设计要根据学习内容合理安排学习时间。例如，课堂教学中的引入、讲授环节，学生交流、讨论的时间等，要有一个整体的规划。再如，学生课内学习与课外学习（课外作业、课前预习、学习资料的收集与整理等）的时间，要根据学生的实际情况和教学内容有合理的比例。

（6）教学设计的计划性与灵活性处理。数学教学的设计和实施是一体的，教学的设计过程是发生在教师脑中一次次的实施演习。教学实施过程也可以理解为一种"即时"的教学设计的"生成"过程。教学（teaching）不是教授（instruction），不是纯客观知识的传递过程，不是按照既定设计的步骤进行的固定程序。教学设计要充分考虑并运用学生在学习过程中的生成资源，如发现、提出的问题，学习探索、思考过程中形成的思路、方法，实时调整教学设计。

总之，数学教学设计的存在意义就是为了让教学过程进展得更顺利，让有限的教学时间和资源运用得更高效，让学生把数学学得更好。

1.2　数学教学设计的基本方法

教学设计的基本类型有课堂教学设计、单元教学设计、学期教学设计、学年教学设计、学段教学设计等类型。无论是哪一种类型，都需要从教的维度回答五个基本问题：为什么教？教谁？教什么？怎么教？教得怎么样？以及从学生学的维度回答相对应的五个问题：为什么学？谁学？学什么？怎么学？学得怎么样？

以上五个问题可以进一步分为以教学目标分析、学情特征分析、数学内容分析、课程标准分析、数学教材分析、教学方法分析、教学过程分析、教学反思分析八个方面的基本要素。

1. 教学目标分析

教学目标是从一个终点目标出发倒推的过程，即通过分析得到一系列先觉技能，最后到起点能力。教学目标一般和重难点紧密相连，我们可以从教学目标中分析出重难点。

(1)教学目标分类

教学目标的分类主要用的是加涅和布鲁姆的目标类型分类。

①加涅的目标分类：言语信息——是什么，智慧技能——怎么办，认知策略——怎么学，动作技能——怎么操作，态度——怎样看待。

②布鲁姆的三维目标：认知，动作技能，情感。

(2)分析教学目标的步骤

分析教学目标可以按照以下步骤。

①了解数学教学的目标。

②明确单元教学目标。

③明确本课时的教学内容和要求。

④了解学情。

⑤按照教学目标基本要求、要素的注意点来表述。

(3)数学教学目标设计的注意事项

根据数学课程改革的理念与总体目标，数学教学目标的设计应注意以下几点。

①科学合理，具体明确，可检测，可评价。

②面向学生主体，瞄准学生的“最近发展区”，能够实现。

③重视数学核心知识的理解、掌握以及形成过程，突出教学重点，解决数学学习难点。

④加强数学素养和关键能力的培养，突出数学思想方法的教学。

⑤注重探索、发现、合作交流的学习方式，激发学生学习兴趣。

⑥关注数学情感、态度与价值观教育。

2. 学情特征分析

在教学设计中，分析学习者的目的是为教学内容的选择和组织、教学目标的制订、教学活动的安排、教学策略的使用寻找科学依据，如教和学的过程中容易存在哪些问题？这些问题产生的原因是什么？能否通过本堂课解决？现有资源和条件能否解决？这些问题的重要性有哪些？有没有优先性？

因此，教师需要了解学习者的学习风格、学习准备状态、认知发展状态、起点能力等，特别需要注意的是，要厘清教学目标与学生现实基础之间的差距。

分析学情特征的方法通常有：①设计测试题或问卷调查；②查阅学生近期的学业成绩和表现记录等材料；③对学生及其密切关系的人员（如其他教师和同伴）进行访谈。此外，教学经验、已有的研究成果也是重要的资源。

学情特征分析是教学设计的重要依据，主要包括学习需要分析和学生的学习风格分析。

学习需要分析是教学设计过程中系统地揭示学习需要，发现教学问题，并确定产生的原因以及问题的性质，弄清已有的资源和约束条件的一种前端分析。也是一种差距分析，能揭示学习者在学习中存在的差距，形成以行为术语表述的教学目标。

学习需要分析主要有：①分析教学中需要解决的问题；②通过分析该问题产生的原因，寻找解决问题的途径；③分析现有的资源和条件，明确解决问题的方案。

对于学习风格，长期以来没有一个统一的界定。基夫（Keefe）在 1979 年从信息加工角度界定学习风格为："学习风格由学习者特有的认知、情感和生理行为构成，它是反映学习者如何感知信息，如何与学习环境相互作用并对之做出反应的相对稳定的学习方式。"也就是学习者在完成其学习任务时所表现出来的具有个人特色的方式。

由于学习风格是学习者个体神经组织结构及其机能基础上通过长期的深层次活动而形成的，具有鲜明的个性特征，并且持久稳定，很少随学习内容和学习环境的变化而变化，因此，学习风格具有独特性和稳定性。是否形成学习风格，有两项基本特征：一是学生一贯持有；二是带有个性特征。因此，学习风格是一个学习策略（或方式）和学习倾向的总和。

数学学习风格通常有以下三种分类。

（1）强抽象型和弱抽象型。抽象是数学学科的一个基本特征，也是数学的基本思想和研究方法。对于强抽象型的学生而言，通常出现演绎型的思维方式，逻辑思维水平较高，一般在高年级的学生或理科成绩较好的学生中比较普遍。这些学生习惯于通过引入新特征强化原型的方式获取知识或解决问题。而弱抽象型的学生习惯于从原型中获取某一特征或从侧面加以抽象去获取新知识或解决问题，表现为一种归纳型的思维方式，在解题中，这种弱抽象型学生会习惯于从整体上分析问题，一般在低年级的学生或偏文科的学生中比较普遍。

（2）分析型和综合型。分析型的学生习惯于在问题解决中从结果回溯原因；

而综合型的学生习惯于从原因推导结果。

（3）发散型和收敛型。发散型的学生习惯于对已知信息进行多方位和多角度的思考，在思维方向上表现出逆向思维和多向思维；而收敛型的学生则习惯于使所有信息都朝着一个目标，以便生成和获取新的信息，因此在思维方式上表现出较强的方向性和聚合性。

学习者风格具有个性特征，如何处理兼顾这些问题，这就涉及学习者的认知发展规律。皮亚杰的认知发展阶段论中，将儿童的认知发展划分为感知运算阶段、前运算阶段、具体运算阶段、形式运算阶段四个阶段。皮亚杰的理论给教师的启示是，我们不会教感知运算阶段的学生以形式运算阶段才能理解的知识，同样我们也不需要用前运算阶段学生更喜欢的直观教具去教已经具备抽象思维能力的高中生。

了解学生的认知风格，对于因材施教和提高教学质量有重要意义。因为当我们强调以学生为主体的时候，就不能忘记：数学学习是学生对数学知识进行认知构造，数学教师的目标是促使学生这种构造过程顺利进行。因此，教学策略上应该多注意结合学生的认知风格，以达到事半功倍的效果。

3. 数学内容分析

数学内容的分析，针对的是数学知识的体系，即对所教与所学的某个数学主题、章节、概念、方法等进行的分析。这需要教师深刻理解数学知识本身的内在逻辑体系，因为只有很好地理解了数学，才能教好数学。

进行数学内容分析，就是要全面地透视教学内容在数学知识体系及发展进程中的地位、作用和所蕴含的数学核心素养，以及这部分数学知识和其他知识之间的联系、涉及的数学事件、思想方法等。

分析数学内容的目的是深刻理解某数学知识的本质和文化价值，以及它们在不同学段所展现的特征，从而找到所教学段这项知识的重点所在，做到承前启后，融会贯通。

例如，三角函数起源于天文学，在测量与计算形体距离的过程中，形成了锐角三角函数的概念。小学、初中都有三角函数的痕迹，高中三角函数的范围从锐角拓展到任意角，三角函数区别于其他函数模型的特征是周期性。只有深刻掌握三角函数知识内在的逻辑，以及数学知识体系发生发展的来龙去脉，才能精确剖析不同学段不同教学过程中此知识的重心所在。此外，数学内容的分析是教师考虑是否融入数学史的一个良机，对激发学生学习数学的兴趣大有裨益。

教学内容选择的基本依据是课程标准和教材。课程标准对教材的编写具有指导性意义，也是教材的评价依据，教材是课程标准的载体，是对课程标准的再一次创造和组织，可以说是具体化了的课程标准，从而成为教师实现课程目标的重要资源以及教学设计与实施的基本的重要参考。

4. 课程标准分析

数学课程标准是在基础教育改革的大背景下、在数学学科和学生发展的需求下形成的，对教材、教学和评价都具有重要的指导意义。数学教师不仅是数学课程标准顺利实施的保障者，也是基础教育改革的实践者。课程标准的理念已逐渐深入到数学课程及日常教学中，熟悉并掌握中学数学课程的性质、基本理念、目标和内容，准确掌握数学课程标准的要求，是数学教师教育基本要求，也是进行教学设计与实施的依据。

数学课程标准是数学教材编写、教学实施、考试评价的重要依据。因此，进行教学设计前，教师要认真研读课程标准，了解课程标准对此单元或主题的教学内容的要求，以及与其他知识之间的关联，学业质量评价标准、实施建议等。

课程总目标、学段目标是课程编制、实施和评价的准则和指南，确定课程目标是教育目的在该课程中的具体要求，明确课程设计的理念，是课程内容的选择、组织、评价、实施的依据和准则。教师确定教学目标的主要依据是课程标准，但对于教师而言，课程标准是上位目标，因此教师需要学会分解课程标准，要在把握课程目标的基础上，将课程标准特别是内容标准部分分解成具体的、可操作的、可评价的教学目标。课程标准分学段描述了各领域、主题、知识点的学习结果和要求。要将课程标准分解为各个层级的教学目标是一个复杂的过程。这种分解课程标准的复杂性和多样性使得各个层级的教学目标变得更为丰富，教师的自主性也就变得更大了。如何合理、科学地设计教学目标，就需要正确分析和运用数学课程标准进行指导。

对教学内容的分析离不开对数学课程标准的内容分析与把握。数学课程标准对各部分教学内容以及所达成的目标，应占的课时数，数学教学活动的基本特征并给出了相应的教学建议和课程评价建议，是教师在数学教学过程中安排教学内容的重要参考。教师在实际的教学设计时，需要对课程标准进行分析、研读，在理解整体教学目标、主题单元教学内容和课时要求的基础上，准确把握各个基础知识、基本技能点的要求，同时体现数学思想方法、基本活动经验，发现提出问题，分析解决问题的要求。

数学课程标准对数学学业评价和教学评价给出了建议。教学设计过程中分析和运用数学课程标准指导数学学习评价和教学评价，注重学习过程评价和学习结果评价相结合的实践探索，注重对数学核心素养的评价。实现评价主体多元化、评价目标多元化、评价方法和形式多样化。在评价设计与实施上，结合数学学科的特点，采用有效的策略和具体的评价手段，体现促进面向学生未来发展的综合素养的评价。评价不仅可以指导、强化学生的数学学习情况，还可以为教师调整后续教学提供依据。

例如，在等比数列教学中，从内容层面，要联系数列的概念、等差数列、数学归纳法、一次函数、指数函数等关联知识；而在难度和深度上，要考虑课程标准中的学段学习要求；如果要做延伸，则需要研究课程标准学业评价考试评价，以及综合素养的要求。

5. 数学教材分析

随着课程改革的不断深入，中学数学教材在课程标准框架内实现了多元化，不同版本的教材在内容选择、切入视角、呈现方式等方面都各有特点和一定的差异，对教师的教材分析能力提出了新的要求。教学设计需要全面掌握分析教材，整体理解和把握课时教学内容在教材中的整体分布与结构，各知识单元的编写理念、编排特点和呈现方式等，甚至还需要研究不同版本的教材，了解不同版本数学教材的编写模式。进一步，还需要研究数学课程标准要求是如何在数学教材设计和编写中得以体现的，在更高的角度，领会教材的编写意图，整合多种教学资源，灵活运用教材，设计教学活动。

教师分析研究教材能力是实现新课程目标和教学过程的重要前提和有力保障。尊重教材、厘清教材的正确教材观，遵循科学分析体系，理解教材的产生背景、基本理念和内容框架，站在全局的角度把握教材。对教材进行细致、深入地分析和钻研，准确把握教材的重点和难点，能深入研究教材中提供的材料背后所蕴含的数学知识和思想方法，明确教材在培养学生知识与能力、方法与过程、情感态度与价值观方面的主要目标和基本类型；教学设计源于教材，以把握教材并高于教材为前提，从而可以创造性地使用教材。

教师"用教材教"是教学设计的基本要求。在新课程改革的形势下，教材仅仅是教学设计的基本素材，在教学设计中应以教材为依托，把教材当作指导教学的素材和蓝本，创造性地使用和突破教材，从传统的"教教材"变为"用教材教"。教学设计与教材的关系，既不能照搬教材（照本宣科），又不能脱离教材（以教辅、练习册代替）。真正做到"用教材教"的前提则是要研究教材、吃透教材，教师在对教材的处理中，要对数学有一个横向的透视和纵向的穿透，要瞻前顾后，寻求数学的源与流，先深刻分析教材的编写意图，逐步把握教材的特点，并在课堂教学实施中加以实践，跳出教材。

教师和学生应成为数学教学活动的共同设计者。教师也从学生数学思想方法和学生思维活动的决定者、控制者向引导者、参与者转变，在数学教学管理方式上的管理者、灌输者、命令者向合作者、质询者和对话者的转变。教师在课堂中应注重为学生创造交流、合作的舞台，运用发现法、探究法、合作学习法等，帮助学生参与到数学教学过程中，培养学生乐于探究、勤于动手、收集和处理信息、获取新知识、分析解决问题及交流合作的能力，为学生的全面发展和健康成长创造有利的条件。

一名合格的中学数学教师，作为学生学习活动的组织者、引导者和参与者，就必须具有实施课程标准所倡导的新理念的能力及驾驭中学数学教材的能力。

例如，初中函数教材比较与分析。

(1)函数的教材结构

人民教育出版社(简称人教版)教材分布于8年级下册(简称8下)第19章"一次函数"、9年级上册(简称9上)第22章"二次函数"、9年级下册(简称9下)第26章"反比例函数"；北京师范大学出版社(简称北师大版)教材分布于7年级下册(简称7下)第3章"变量之间的关系"、8年级上册(简称8上)第4章"一次函数"、9年级上册(简称9上)第6章"反比例函数"、9年级下册(简称9下)第2章"二次函数"。具体章节见表1-1。

表1-1　函数内容在人教版和北师大版教材中的分布比较

人教版	北师大版
8下(2013年9月第1版) 第19章　一次函数 19.1　函数 19.2　一次函数 19.3　课题学习选择方案	7下(2013年12月第2版) 第3章　变量之间的关系 1.用表格表示的变量间关系 2.用关系式表示的变量间关系 3.用图象表示的变量间关系 8上(2014年7月第2版) 第4章　一次函数 1.函数 2.一次函数与正比例函数 3.一次函数的图象 4.一次函数的应用

续表

人教版	北师大版
9 上（2014 年 3 月第 1 版） 第 22 章　二次函数 22.1　二次函数的图象和性质 22.2　二次函数与一元二次方程 22.3　实际问题与二次函数	9 下（2014 年 11 月第 1 版） 第 2 章　二次函数 1. 二次函数 2. 二次函数的图象与性质 3. 确定二次函数的表达式 4. 二次函数的应用 5. 二次函数与一元二次方程
9 下（2014 年 8 月第 1 版） 第 26 章　反比例函数 26.1　反比例函数 26.2　实际问题与反比例函数	9 上（2014 年 6 月第 1 版） 第 6 章　反比例函数 1. 反比例函数 2. 反比例函数的图象与性质 3. 反比例函数的应用

（2）"函数"的教材分析——以"函数概念引入"为例

以下选取 4 本 2011 版之前的新课标初中教材[人教版、北京出版社版（简称北京版）、华东师范大学出版社版（简称华师大版）、北师大版]，就概念起始内容进行对比分析（表 1-2）。

表 1-2　人教版、北京版、华师大版和北师大版的"函数概念引入"对比分析

版本 （年级）	小节标题	概念引入
人教版 （8 下）	第 9 章　一次函数 变量与函数 一次函数 用函数观点看方程（组）与不等式 小结	通过 5 个含有两个变量间的单值对应的实际问题，引出了变量、常量概念，继而引出函数概念：一般地，在一个变化过程中，如果有两个变量 x 与 y，并且对于 x 的每一个确定的值，y 都有唯一确定的值与其对应，那么我们就说 x 是自变量，y 是 x 的函数。如果当 $x=a$ 时，$y=b$，那么 b 叫作当自变量的值为 a 时的函数值
北京版 （8 下）	第 15 章　一次函数 函数 函数的表示法 函数图象的画法 一次函数和它的解析式 一次函数的图象	通过若干现象启发学生观察思考，引出了变量、常量概念，继而引出函数概念：一般地，在一个变化过程中，有两个变量 x 和 y，对于变量 x 的每一个值，变量 y 都有唯一确定的值和它对应，我们就把 x 称为自变量，y 称为因变量，y 是 x 的函数

版本（年级）	小节标题	概念引入
	一次函数的性质 一次函数的应用 探究与应用 小结与复习	
华师大版（8 下）	第 18 章　函数及其图象 变量与函数 　函数的图象 　一次函数 　反比例函数 　实践与探究	通过 4 个含有两个变量间的单值对应的实际问题，引出了变量概念，继而引出函数概念：一般地，如果在一个变化过程中，有两个变量，例如 x 和 y，对于 x 的每一个值，y 都有唯一的值与之对应，我们就说 x 是自变量（independent variable），y 是因变量（dependent variable），此时也称 y 是 x 的函数（function）
北师大版（8 上）	第 4 章　一次函数 　函数 　一次函数 　一次函数的图象 　确定一次函数表达式 　一次函数图象的应用 　回顾与思考 　复习题	通过 3 个含有两个变量间的单值对应的实际问题，引出了变量、常量概念，继而引出函数概念：一般地，在某个变化过程中，有两个变量 x 和 y，如果给定一个 x 值，相应地就确定了一个 y 值，那么我们称 y 是 x 的函数，其中 x 是自变量，y 是因变量

　　4 本教材的函数概念都是用"变量说"来定义的，相比较其他定义方式，这种定义方式易于学生接受，但也有其缺陷。例如，"对应"没有界定，"变量""常量"的描述易造成歧义（在事物的变化过程中，我们称数值发生变化的量为变量，而数值始终保持不变的量称为常量）。比如，北京地铁某时期票价统一为 2 元，那么北京地铁票价和站数之间的关系是函数关系吗？4 本教材都是先研究一般函数概念，然后再学习特殊函数（正比例函数、一次函数、反比例函数、二次函数）。

　　函数概念是初中遇到的第一个用"数学关系定义法"给出的概念，与先前所学的诸多数学概念的叙述方式是不一样的，学生往往不解其意。不少教师为了让学生透彻理解函数概念，按照教参的建议关于一般函数要上到 5～8 节课。事实上，由于函数概念的抽象性，以及学生的年龄特点，使得函数概念的深刻理解不可能一步到位。如果一般函数学习过长，又没有具体的函数做支撑，加大了学生认知负荷，无疑会使学生有雪上加霜之感。

一次函数(包括正比例函数)是学生学习的第一个且是最简单的函数模型。首因效应告诉我们第一个函数模型学习的过程和结果，会对今后其他函数模型的学习产生积极或消极的影响。而尽快进入最简单的一次函数的学习，可降低学生的认知负荷，提高学生学习的自信心和兴趣。因此，可适当调整本章教学内容前后顺序和课时。在一般函数概念引入后，可将一般函数概念的进一步理解(如函数的定义、函数的定义域、值域的深入理解、函数图象的画法等)融入具体函数模型(正比例函数、一次函数、反比例函数、二次函数)学习中，让学生在螺旋式上升地学习过程中，逐步提高对函数的认识。教师还可以从教材中的情境与问题、知识与技能、思维与表达、交流与反思中分析出合适的教学策略，使课本中的静态的数学知识活化为动态的数学知识。

6. 教学方法分析

一般来说，教学方法的分析和设计要聚焦教学的重点和难点，与教学目标紧密相连。教学方法是指为完成一定的教学任务，师生在其同活动中采用的手段。这既包括教师教的方法，也包括学生学的方法，是教和学的统一。这一定义包含：①使用教学方法的目的是达成一定的教学目标及教学任务。教学方法是完成教学目标的手段，采用什么样的教学方法依据教学的目标和内容而定。②教学方法的施动者既包括教师，也包括学生。教师使用或设计某种类型的教学方法，在具体的课堂教学中，还要求学生的配合。③教学方法是教的方法与学的方法的有机结合与统一，而不仅仅是教的方法。

教学手段是在教学目标确定以后，根据已定的教学任务和学生的特征，有针对性地选择与组合相关的教学内容、教学组织形式、教学方法和技术，形成的具有效率意义的特定教学方案。教学手段具有综合性、可操作性和灵活性等基本特征。

教学内容的呈现顺序和教学目标的从终点回溯起点的方式是相反的，教学内容呈现一般是从起点能力出发，从一系列先决技能，最后达到终点目标。因此，教学顺序有内容呈现顺序，教师活动顺序，学生活动顺序。

对于数学事实的呈现，一般采用奥苏伯尔(Ausubel)的"先行组织者"理论，即先简明概括地向学生阐释数学事实的结构。对于概念和原理的呈现，一般会采用"从简单到复杂、从特殊到一般""从实践到理论、从感性到理性"的发现学习。

教学组织形式的常见形式有全班学习、小组学习和个别化学习。目前的教学实践中，常见的是三种结合运用，具体采用哪一种教学形式，要结合教学内容和学生学情。在数学命题时，可以采用先个别化学习，后小组学习，再以全班学习的形式；而在技能教学时，可以先全班学习，后个别化学习，再小组学习的形式。

教学方法设计的是否成功，要看所教与所学是否融合的好。好的教学方法能够将问题、活动、反思构建成一个教学生命系统，将数学知识与数学核心素养有机结合。

以"点、线、面之间的位置关系"为例：可以结合信息技术，为学生创设丰富的图形情境或实例模型，涉及学生观察、操作、试验的数学探究活动，使学生经历从直观到抽象的过程，引导学生从直观上感知点、线、面的位置关系，理解空间点、线、面的位置关系和相关定义、定理和性质，发展空间观念。

7. 教学过程设计

教学过程的设计包括数学教学环节和步骤：复习环节、导入环节、新授环节、巩固环节、总结反思环节等的条件与时序。

这些环节出现的次序，每个环节预期的时间，学生可能出现的问题，以及教师此时预设的解决方案，都属于教学过程设计，需要根据具体的问题与场景进行的考量范畴。简言之，教学过程怎么设计，要依据前面的几个要素的分析结果。

案例：直线与平面垂直的判定

教学过程可以设计为以下简要的步骤。

(1)创设情境，对直线与平面垂直的定义进行建构，提高学生的抽象素养。

(2)通过分析实例，对判定定理进行探究，发展学生的直观想象素养。

(3)用例题加深对判定定理的理解和逻辑推理素养的培养。

(4)通过总结和反思，帮助学生自主构建和更新空间几何的知识体系。

在每个步骤内部，还可以细化。

8. 教学反思分析

教学反思可以包括在设计和实施的整个过程，甚至在整个教师的日常工作中都扮演着极其重要的角色，是教师职业发展的重要路径。教学反思可以在教学实施之后，也可以包括在教学设计之中，并不是每个教学设计中都会有这一部分。一般主要反思的问题有：

(1)是否达成了预期的教学目标？

(2)如果没有达到，分析原因，如何改进？

(3)有哪些突发的灵感，印象最深的讨论、想法？

(4)哪些地方与设计的教学过程不一样？

(5)学生提出了哪些超出设计预期的问题？为什么会提出这些问题？

1.3 数学教学设计的基本要求与案例

教学设计最终如何呈现？很多新教师进入学校实习或工作后会发现，一些教师依然以"知识点"为中心进行教学设计思路，较少关注教材或数学知识整体单元教学目标。随着课程改革的进行，新理念下的教学设计，强调的就是一种要素之间的联结关系，即整体性。

姓名：	学校：		年级：
课题：			
一、教学目标确定的依据 1. 教材分析。 • 该教学内容所处教学单元或学段的知识结构分析 • 该教学内容的教育价值分析 • 体现教育价值的教学策略的选择和教材处理情况说明 2. 学生分析。 • 学生对于所要学习内容的已有经验分析和个体差异 • 学生对于所要学习内容的各种可能与困难障碍分析 • 学生发展的需要和对学生可能达到的发展水平的估计 二、教学的具体目标 建立在上述两个分析整合基础上形成的可观察的具体目标			
教学过程设计			
教学环节	教师活动	学生活动	设计意图

图 1-1 某教学设计板块

在图 1-1 这一教学设计板块里，设计的要素之间是综合的、彼此联结且不可剥离的，教和学开始呼应起来，形成一个互相影响、支持和融合的关系网络。因为要考虑一项"设计意图"，教师就需要时刻对自身的教学设计进行监控和反思，也就是本节开始时，教师要反思的几个问题：一个教学设计好不好？好的教学设计是什么样的？有什么基本的要求？这涉及数学教学设计的评价问题。一般来说，一份高质量的数学教学设计需要满足以下几个方面的基本要求。

1. 制订恰当的教学目标

教学目标的设计不是凭个人经验，照搬教学参考书。教学目标的设计要依据课程标准的要求和学生的特点，瞄准学生的"最近发展区"，经过努力能够达到的要求。教学目标的设计应该是具体的、可操作的，能够指导教学，从知识的记忆到理解与运用，再到发展能力、解决问题和情感体验等，以达成培养学生核心素养、促进学生终身发展的育人目标。

教学目标的设计需要认真研习课程标准中的内容标准所表述的具体目标和要求，系统设计教学目标，按"课程目标—学期目标—单元目标—课时目标"的顺序进行设计。同时，根据数学学科的特点，对通过数学知识、数学概念、数学原理、思想方法、认知策略、情感态度不同方面得到的数学学习结果，选用恰当的行为动词来描述数学活动。如通过观察……感知……形成表象，通过动手操作(包括列表、排序、画图、测量、计算、解答、化简、证明)……尝试、体验，通过分析、比较、抽象、概括、综合、演绎、归纳、类比、判断、推理……

2. 合理选择教学内容

要实现教学目标，科学合理地设计教学内容是基本的保障。要培养学生的数学核心素养，必须精心组织和设计相应的数学内容。首先，要根据课程标准和教材确定基本教学内容，这样才能保证选择的教学内容目标明确。其次，要根据学生的学习特征确定教学内容，在具体教学内容的选择上，要基于学生已有的认知水平和学习能力，这也是我们教学中一贯要求的基本原则。

例如，在数学概念的教学中，就需要加强对数学概念的引入、概念的形成过程、对概念本身的理解、数学基本思想等内容选择与设计。

再如，情境的创设，要依据教学内容创设学生熟悉的生活情境、科学情境、跨学科情境，问题情境要真实、有趣，能引发"认知冲突"，同时还要注重问题情境的思想性，注重对学生思想品格的教育，弘扬社会主义核心价值观，渗透中华优秀传统文化教育，促进学生合作学习、解决问题。内容难度、容量选择要恰当。

又如，例题、习题的选择，要立足于教材，但又不能照本宣科。不要选择偏、难、怪题，数学题应该反映基本的数学思想、方法，有利于学生理解数学的核心概念、基本思想，而不要以考试为唯一、基本目的。

3. 注重学习活动的实效

教学方法的设计要以学生学习为中心，符合学生的认知发展规律，有利于调动学生的学习主动性和积极性，促进学生数学核心素养的培养。以数学素养为特征的数学教学过程设计，实质是数学活动的教学。活动设计，要能体现对学生的主体性以及参与的过程性的关注，要从传统的以教师为中心、讲授为主导的课堂教学，转变为以学生为主体、合作探究为主导的教学活动设计。

4. 数学内容与信息技术深度融合

信息化时代，信息技术对课堂教学越发产生重要影响，课堂教学设计需要深度融合信息技术。信息技术的运用不是为了用技术、为了表演而用技术，教学设计中需要简明说出所选信息技术的原因和优势。

教师需要在分析学生认知基础、情感、兴趣等因素的基础上，选择适合学生接受、激发内在学习动机并且能够促进深刻理解数学的计算机、计算器、数学教学软件等教学媒体，对数学教学活动进行系统规划，运用信息技术的优势，来实现以往难以实现的目标。如与实际生活的联系、呈现准确图象。培养动手能力方面，针对教学内容择优选取信息技术手段，在几何教学(平面几何、立体几何或解析几何)设计中，可选择 GeoGebra、Z＋Z 等动态几何教学软件，代数和统计内容可选择图形计算器和 Excel，向学生呈现同一数学对象的多种表征方式。

教学设计并不是线性的，教学设计的书写因此也可以考虑文本和表格相结合的形式。教学设计的内容和形式应该按照教师的需求灵活呈现。如果是为了同行之间更好的交流和探讨(比如公开课或磨课)，需要对教学设计写得详尽一些，对理论阐述更多一些；而如果是教师本人为日常教学做准备，也可以淡化理论部分或仅做简要分析，将主要精力放在教学内容、教学方法的选择，以及教学过程和步骤阐述，例题和习题，板书设计等方面。总之，教学设计的模板并不是绝对不变的。

案例：抛物线(第 1 课时)①

一、教学内容与教材分析

本节课是人教版《普通高中课程标准实验教科书·数学选修 2-1》第 2 章"圆锥曲线与方程"的起始课。

解析几何的教学，一方面，应从几何角度关注图形，认识图形的几何特征；另一方面，要建立代数方程，用代数工具研究几何性质。在这一章的教学中，我们在引入代数工具研究圆锥曲线之前，让学生首先充分认识图形，尽可

---

① 本案例由北京师范大学附属实验中学李扬眉老师提供。

能充分地感受并发现几何特征，进而体会解析几何数形结合、几何与代数并重的特点。考虑到抛物线的形状学生比较熟悉，其代数方程形式也相对简单，我们将抛物线作为研究的第一种圆锥曲线。

本节课是抛物线的第 1 课时，也是圆锥曲线这一章的起始课，主要内容是借助几何绘图软件，探索抛物线的轨迹，引出抛物线的定义，直观感受、发现抛物线的几何特征。在这个过程中，学生学习和运用轨迹交点法，提升作图能力，感悟解决问题的策略。我们将在第 2、3 课时建立平面直角坐标系求抛物线的方程、研究性质、完善并证明第一节课发现的几何特征。

二、学生情况分析

学生在初中阶段学习过一些特殊的轨迹，有一定的作图能力；初步了解几何绘图软件 GeoGebra，能根据需要进行简单操作。另外，授课班级的学生具有较强的求知欲，思维活跃，能积极参与数学活动和交流讨论。

三、教学目标设置

根据教学内容，以及学生现有的认知水平和能力，我把本节课的教学目标确定为以下三个方面。

1. 了解抛物线的定义，感知抛物线的几何特征；

2. 运用轨迹交点法，经历探索抛物线轨迹的过程，提高作图能力和分析问题、解决问题的能力；

3. 通过合作学习，感受数学探索的快乐。

本节课的教学重点和难点是：依据抛物线的定义画出轨迹。

四、教学策略分析

本节课以探究合作为主要的学习方式，教学过程分为"复习旧知，提炼作图方法""应用方法，合作探索轨迹""明确定义，感知几何特征""交流总结，提出思考问题"四个环节。

为了突破难点，落实重点，采取了以下措施：首先，让学生使用几何绘图软件 GeoGebra 画出"到两定点距离相等的点的轨迹"，并总结出利用轨迹交点法得到轨迹的基本步骤。其次，在此基础上，再让学生利用软件，用不同方法得出抛物线的完整轨迹。再次，让学生在纸上作出抛物线草图，进一步加深对抛物线的直观认识。最后，让学生分享从中发现的抛物线的几何特征，也为后续课程的学习打好基础。

本节课的效果评价以当堂反馈为主，学生通过上台展示分享，体现探索的成果；每位学生在纸上作出抛物线的草图，落实本节课的教学要求。教师还将通过思考题继续激发学生的探究热情。

五、教学过程设计

环节一：复习旧知，提炼作图方法			
预设	形式	预案	设计意图
【复习】回顾有关轨迹的问题： (1)平面内，到一个定点的距离等于定长的点的轨迹是什么？ (答：以定点为圆心，定长为半径的圆) (2)平面内，到一条定直线的距离等于定长的点的轨迹是什么？ (答：平行于这条直线，并和已知直线距离为定长的两条直线) (3)平面内，到两个定点距离相等的点的轨迹是什么？ (答：两个定点连线的垂直平分线)	教师提问和展示，学生口答。	学生能顺畅回答。 教师可适当规范表述。	通过回顾已认识的一些轨迹，引出要探索的新问题，也为后面问题的解决奠定基础。
【活动一】请利用图形计算器，探索：平面内，到两个定点的距离相等的点的轨迹。 1. 以 A 为圆心，r 为半径作圆。 2. 以 B 为圆心，r 为半径作圆。 3. 作出两圆交点，即为所求轨迹上的点。 4. 改变 r 的值，形成轨迹。	学生在图形计算器上探索，并分享得到轨迹的过程。	若学生通过找到两点直接连线得到轨迹，则提示其思考如何得到更多的点，来验证轨迹是一条直线。	通过活动一，让学生在操作中学习如何利用轨迹交点法得到轨迹。 为后续探索做准备。
【总结方法】 利用轨迹交点法得到轨迹的步骤： 当知道轨迹上的点满足的两个条件时，可以采用这样的方法得到轨迹： 第一步，作出满足一个条件的点的轨迹。			

第二步，作出满足另一个条件的点的轨迹。 第三步，作出两个轨迹的交点，即满足条件 的点。 第四步，改变相关的变量，追踪交点的位置 变化，得到轨迹。			
环节二：应用方法，合作探索轨迹			
预设	形式	预案	设计意图
【活动二】探索：平面内，到一个定点和一条 定直线距离相等的点的轨迹是什么？（如图） 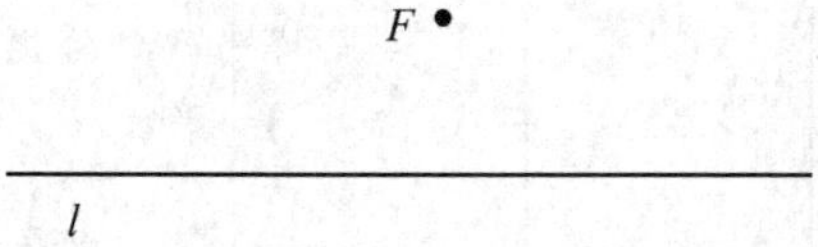 $F \bullet$ _____ l 预案一：圆与平行线的交点 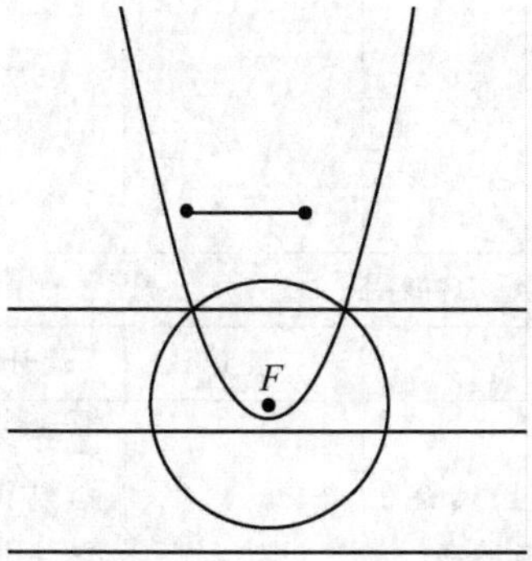 1. 作出与定直线平行，且距离为 r 的两条 直线。 2. 作出以定点为圆心，以 r 为半径的圆。 3. 平行线与圆的交点就是所求轨迹上的点。 4. 改变 r 的值，追踪点的位置变化，得到 轨迹。	学生小组合 作，在图形 计算器上探 索预案。 教师巡视： 如果学生操作 软件有困难， 给予帮助。 两种预案都 由学生分享， 并展示。	在活动一的 启发下，学 生不难得到 预案一。巡 视时可以让 完成的同学 继续思考其 他方法。	应用方法合 作交流，感 受探究的 快乐。 预案一是在 定直线的平 行线上找点。

预案二：中垂线与垂线的交点 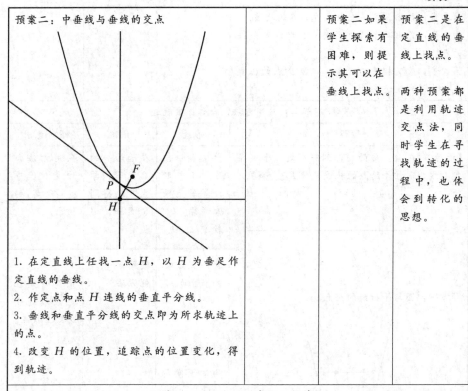 1. 在定直线上任找一点 H，以 H 为垂足作定直线的垂线。 2. 作定点和点 H 连线的垂直平分线。 3. 垂线和垂直平分线的交点即为所求轨迹上的点。 4. 改变 H 的位置，追踪点的位置变化，得到轨迹。		预案二如果学生探索有困难，则提示其可以在垂线上找点。	预案二是在定直线的垂线上找点。 两种预案都是利用轨迹交点法，同时学生在寻找轨迹的过程中，也体会到转化的思想。

环节三：明确定义，感知几何特征			
预设	形式	预案	设计意图
【定义】 平面内，与一个定点 F 和一条定直线 $l(F \notin l)$ 距离相等的点的轨迹，叫作抛物线。 其中点 F 叫作抛物线的焦点，直线 l 叫作抛物线的准线。 辨析：若定点在定直线上时，则所求轨迹（轨迹为：过定点的已知直线的垂线）不是抛物线。	学生叙述，教师板书。		定点不在定直线上这一条件学生易忽略，可引导学生辨析清楚。
【活动三】在纸上画出已知焦点和准线的抛物线。	学生尝试用铅笔画出点的轨迹，分享画法，展示轨迹。 学生分享。		离开软件支持，回到常规作图:

续表

(1) (2) 【感知几何特征】 借助我们画出的抛物线以及作图的过程，你能发现抛物线哪些几何特征？ 教学预案： 1. 轴对称图形，对称轴是过定点的定直线的垂线。 2. 顶点：抛物线与对称轴的交点。 3. 抛物线在准线的一侧。 4. 焦点距离准线近时，抛物线开口小；焦点距离准线远时，抛物线开口大。 5. 焦点与准线上任一点连线的垂直平分线与抛物线相切。			在徒手作图的过程中提升作图能力，加深对抛物线的认识。 学生体会作图与几何特征的关联。也为用代数方法研究几何特征做准备。

环节四：交流总结，提出思考问题

预设	形式	预案	设计意图
【总结】 1. 知识：抛物线的定义； 2. 方法：轨迹交点法； 3. 解决问题的策略。 【思考与作业】 1. 是否还有其他利用图形计算器得到轨迹的方法？	学生分享。		作业 1 鼓励学生继续探索其他生成轨迹的策略方法。 作业 2 引导学生思考抛物线轨迹的完备性。

续表

2. 课上用两种轨迹交点法作出的抛物线包括了所有满足条件的点吗？如何解释？ 3. 以 $y = x^2$ 为例探究二次函数的图象是不是今天定义的抛物线。		作业 3 引导学生自己探索解决初高中"抛物线"的不同定义带来的困惑，也为后面用代数方法研究抛物线作铺垫。

 思考与实践

1. 一个完整的教学设计需要满足哪些要求？

2. 在数学教学设计中，对数学课程标准分析有什么作用？

3. 如何运用数学教材进行数学教学设计？

4. 以一节数学教学内容的选择为例，谈谈这一课内容设计依据。

 拓展资源

1. 傅海伦，徐丹，葛倩. 对数学教学设计实践的再认识[J]. 教育科学研究，2014(4)：72—77.

2. 王光明，杨蕊. 融入信息技术的数学教学设计评价标准[J]. 中国电化教育，2013(11)：101—104.

第 2 章　数学教学实施概述

当陈老师接到实习指导老师安排上课的任务后，经过了查找资料、分析教材、完成好教学设计等一系列精心准备后，总还是觉得有些心理不踏实。他在担心什么？

准备好的教学内容，怎么在课堂通俗易懂的讲出来，学生的数学学习积极性、数学思维活动怎样才能调动起来？完成教学设计只是一个开端。在教学实施的过程中还会遇到很多具体的问题，例如，教学内容能否完成？学生有没有真正听懂，并积极投入到精心设计的教学活动中去？课堂中学生回答问题、学习效果，甚至是解题思路并不像预设的那样，怎么处理？

本章将简要概述教学设计与教学实施之间的关系、教学实施基本过程和一些常见问题，以及如何进行教学反思与评价。

教学实施是教师在教学设计的基础上，有计划、有目的地开展教学活动的过程，一般要经历准备、执行与反思三个阶段，教学活动则是教学实施的主渠道。

2.1　数学教学活动准备

教学设计过程中，教师通过对教学材料的甄选、理解、整合和再加工，创造性地组织学习材料，选择恰当的方式和途径以达到帮助、引导学生系统学习数学的目的。教学实施过程中，需要恰当处理好教师、教学内容、学生之间的关系。而所有的一切，其根本的目标应该指向学习的主体——学生。做好课前准备可以让教师养成调查研究、贴近学情、以学定教、以教导学的教学习惯，从而使教学更有效、更有针对性，最大程度的提高课堂效率。

在教学实施的准备阶段要做的主要工作是完成教学设计。完成教学设计是教学实施准备阶段的最后一个环节。在教学实践中，不一定每一节课都要写出详细完整的教学设计，通常以教案（学案）形式呈现。教案（学案）针对教学（学习）内容，设计形成完整授课（学习）逻辑框架，即明确教学目标、重点和难点、设计相应的教学方法与环节、并预设学生反馈和学习结果，一定程度可以看成完成教学设计的简化形式。事实上，教学实施过程中的准备阶段是一个向教师输入资源和信息的阶段，因此，在日常教学实施的过程中，教师所做的准备工作不应仅仅局限于某一节课，而是从数学教师职业发展的需求来考虑，将准备工作的目标从完成教学任务转向关注教师自我的成长。

1. 根据学情准备情境素材

数学的现实性表明，数学是描述和刻画自然界各种现象关系与规律的一种工具，然而现实生活中存在的仅仅是数学概念的原型，并不存在真正数学意义上这些概念，即数学是形象与抽象、直觉与理性、实验与逻辑的统一体。所以数学教学要关联学生的现实，从学生头脑中找概念，即为概念寻找认知的固着点，使概念尽可能与已有经验相关联，尽可能直观化，降低数学抽象带来的认知负荷。数学知识的"合理化"解释的(如数学原始概念、数学规定，当前学段不能严格定义或证明的概念和命题)主要途径是寻找学生现实经验中的"原型"，揭示数学知识的现实背景，进而帮助学生从中发现、归纳、抽象出数学研究对象，这也是使抽象的数学知识具体化、形象化、合理化、人性化的重要方法。

创设问题情境是数学教学中常用的一种策略，它有利于解决数学的高度抽象性和学生思维的具体形象性之间的矛盾。具体地说，数学教学需要贴近学生的生活现实、学科现实和科学现实，需要理解蕴含在学习材料中各种观点的对话与竞争，学会在交流与沟通中理解数学。布鲁纳(Bruner)的问题教学法(又称发现法)主张创设问题情境，他认为："学习者在一定的问题情境中，经历对学习材料的亲身体验和发展过程，才是学习者最有价值的东西。"贴近学生生活的问题情境能激发学生学习兴趣，主动参与学习活动，积极探究、思考，从而理解概念，获得知识和方法。这些问题情境的创设常常需要准备相应的素材。这些素材可以是实物模型，也可以是运用教育技术实现的虚拟模型，有些是需要学生提前准备的，也有些是学校提供的教具、学具。

2. 课前演练

上课如同演戏，也需要"候场"，一定程度上候场是成功的前奏，临场发挥就游刃有余。特别是对于新教师而言，教师角色、上课情景酝酿，对课堂教学中的主要场景进行梳理、试讲，模仿师傅的教学过程，进行演练是很有必要的。

上课前的演练(试讲)是教学设计的补充、完善和深化，是上好一堂课的保证。完成教学设计后，在上课之前，教师可以在头脑中或模拟的教学环境中进行试讲，对教学设计中教学重点和难点、教学环节、教学内容及其呈现方式，教学活动组织形式等教学中可能出现的问题进行再思考(试讲)，进行必要调整，让课堂教学目标更明确，重点更突出，结构更严密，条理更清楚。对于实习生、初上讲台的教师来说，由于对教材不是很熟悉，没有教学经验，通过演练(试讲)可以避免纸上谈兵的局面。

3. 教具准备与检查

教学辅助用具能使抽象概括的知识具体化和形象化，既能达到直观、形象、简化、明了的目的，有效地帮助学生掌握知识和技能，又能活跃课堂教学的气氛，提高学生学习兴趣，是实现教学目标的手段和措施。上课时，需要用到哪些教具，应做到心中有数，且要课前准备好，并检查能否正常运行，以保证上课演示的成功性和准确性，避免产生不必要的干扰，影响教学过程的顺利开展。通常情况下，如果初次使用某一教学设备，一定要提前调试。如果在教学中需要使用特定的教学软件、网络平台资源，建议使用自备电脑。

4. 提前到达教室

在上课预备铃响之前，教师应提前到达教室。一方面，明确提示学生，马上要上数学课了，提醒学生尽快进入教室，回到自己的座位，稳定情绪，做好上课的准备；另一方面，调节自己的情绪，以饱满的精神来感染学生。对于初上讲台的实习生、年轻教师来说，更可以起到稳定情绪、防止怯场的作用。

2.2　数学教学活动的实施

实施教学方案是将教学设计中的预设转化为实际的教学活动。基本教学活动环节包括复习导入、新课讲授、练习巩固、总结归纳、布置作业；根据不同的课型设计，如新授课、总复习课、测验课、数学实验课、综合实践活动，教学实施的方式、教学活动环节有较大的差别。教学环节的设计因教学内容、课型、教学手段、具体的教学对象等方面的不同而有所不同，不必拘泥于一个定式。在教学实施的过程中，教师除了根据教案推进教学流程，还需要关注以学生为主体的四个方面内容：思考与提问、合作与交流、生成与调整、回顾与反思。

1. 思考与提问

让学生学会思考是教学的基本任务，而通过思考提出问题，则是数学教学中对学生创造性思维能力培养的重要组成部分。数学课程标准中明确提出，要培养学生发现问题、提出问题、分析问题、解决问题的能力。

有研究表明，中国的学生提出问题的能力相对比较薄弱。现实教学中的一个普遍现象是小学生在课堂提问、发言上积极踊跃，高中生在数学课程上几乎不提问。随着年级的增长，学生的提问越来越少。有的教师甚至认为，到了高年级数学教学任务重，教学容量大，节奏快，让学生讨论、交流、提问会影响教学进度和节奏。事实上，即使课程节奏紧凑也要留给学生思考的时间与提问的机会。有研究显示，在课堂教学中，教师提问的问题大多都是复杂度较低的简单问题，教师在课堂有限的时间内需设计有意义的、具有挑战性的问题，不应充斥着随口可答的"名词填空"，要让学生有自主思考的空间，有机会解决并回答"非常规"（non-routine）的问题，通过让学生思考，产生认知冲突和困惑，进而提出问题。只有充分的课前准备，如分析学情、学习的重点和难点、预设学生反馈等，才能正面及时地解决学生困难。教学设计时，需要考虑、设计一些环节，让学生提出问题，思考交流与表达，对于这些在教学实施过程中的具体情况，教师需要有一个整体的考虑和准备，但往往是很难考虑周全的。就这方面而言，对于职前教师来讲，更需要在这方面多做一些准备，有时通过试讲，可以积累一定的实践经验。即使对于有经验的教师而言，实施的过程也需要根据具体情况，进行实时调整。

案例：函数 $y = A\sin(\omega x + \varphi)$ 的图象与性质

在教学设计中，借助现代信息技术手段，展示摩天轮、简谐运动等自然界周期现象，引出重要函数模型 $y = A\sin(\omega x + \varphi)$。

形如 $y = A\sin(\omega x + \varphi)$ 的函数在生活中的应用经常可见，请学生举出所了解的其他例子[弹簧振子在振动过程中离开平衡位置的位移满足 $y = A\sin(\omega x + \varphi)$，潮汐现象中水位的高度、单摆中的摆角等]。

学生举出的例子是多种多样的，有些是对的，有些是不对的，这就需要教师运用自己丰富的教学经验以及相关知识，进行适当、适时的引导，并尽量回到原有的教学设计主干道上来。探讨 $y = A\sin(\omega x + \varphi)$，并说明为了探讨方便，这里 $A > 0$，$\omega > 0$。

通过情境创设，从基本的函数模型出发，利用动画演示三个参数 A，φ，ω 对函数 $y = A\sin(\omega x + \varphi)$ 的改变，让学生用数学的眼光去观察与思考、提出问题；同时与物理学中简谐振动函数 $y = A\sin(\omega x + \varphi)$ 等结合，实现跨学科的综合，让学生体会到数学无所不在、数学是现代科学的语言和工具，培养学生用数学的方法思考和解决问题的能力，形成初步的数学建模意识。

教师的设问：通过什么方法探讨函数的性质；怎么来讨论函数 $y = A\sin(\omega x + \varphi)$ 的图象与性质；怎么研究三个参数 A，φ，ω 对函数 $y = A\sin(\omega x + \varphi)$ 图象的影响等问题提出后，让学生去思考、探索解决问题的方法，概括和提炼得出结论，在这些过程中教师都需要根据实施的情况，适当调整原有的教学设计。

2. 合作与交流

课堂上教师要有针对全体学生、个别学生和小组群体的师生交流。有研究显示，相较于某些西方国家和地区，我国的教师在课堂上更多的是面对全体学生的讲授和交流，较少关注学生个体的需求和差异。事实上，班级规模和学生人数的区别可能使我们的教师无法过多关注个体，不过研究者认为中国的教师更注重教学结果，即数学内容的讲解与传递，而非不同个体在学习过程中可能产生的差异，"小班教学"在我们的文化和意识中似乎是不必要的。鉴于此，在"以学生为主体"思想的指导下，教师在教学实施的过程中需有意识地关注学生差异，并与学生适当增加有针对性的交流，面对学生的问题与质疑，教师应冷静思考、积极应对。与此同时，教学设计中，需要考虑如何鼓励学生之间的交流，指导其互帮互助、合作学习。但这些学习活动是非常丰富多样的，在教学实施的过程中如何开展，几乎是不可能、也没有必要全部考虑周全。

有研究建议，教学实施过程中教师应当尽可能较少地对小组合作进行指导和干预，要给予小组自由讨论的空间，独立自主地进行学习与合作。教学实施中，由于学生在交流的过程中会遇到一些小组无法解决的问题，如果没有教师适当的指导会造成小组活动不佳，影响到教学实施的进程。结合具体数学内容、具体方法以及学生数学理解、探究合作过程，教师如何把握好干预时机、干预对象，如在一个问题上"卡住"，所有成员都无法解决时，合作成员的交流互动出现人际冲突问题，合作成员交流内容偏离主题等情况时，教师必须进行主动干预。还有学生向教师寻求帮助、提问时，如学生可能向教师提起具体帮助（关于任务内容的具体问题）或是一般性问题（类似于"老师，我们没有理解这个任务"），小组合作过程中学生会出现的错误想法，需要教师结合教学设计时对学情评估进行指导，这些过程中出现的情况，则是需要根据实施情况进行实时微调，否则就会受到班级人数（小组的数量）等诸多因素的影响。

3. 生成与调整

课堂教学活动具有目的性、计划性、预设性，但不能认为教学实施是教学设计方案的简单、机械的体现，更不需要教师刚性执行预设"剧本"。教师要学会辨别、利用、分解及重组课堂教学中的生成性资源。

事实上，课堂实施现状，既不能由教师单方面决定，又不可能在教学设计时完全预料，再有经验的教师也很难做到。真实的教学情境是不确定的，是师生及多种因素间动态的相互作用的推进过程，教学过程的推进更多地取决于教学过程中师生、生生之间交流的状况，这正是教学实施动态生成性的特点。

教学活动中会涌现出许多意想不到的信息和问题，教师不能机械地按原计划确定的一种思路进行教学，需要充分运用教学经验、机智、应变能力和专业素养，实时调控将学生的学习活动引向深入。首先，教学现场是多变的，学生学习的状态、条件，随时会发生变化。在推进预设教学目标实现的同时，可以根据实际情况，调整教学目标。其次，教学过程是师生双方共同探索、发现、再创造的过程，随着教学实施过程的推进，讨论、交流、分析、反思的不断演变，学生出现新的问题，新的思考，这需要适时地调整教学环节，动态地生成学习内容。

例如，解题过程与方法的设计，是教学设计中的重要工作，设计出一条让学生尽快掌握各种解法的"绿色通道"是教师经常思考的问题。"严谨"的解题设计也会束缚解题教学中的灵活性和变通性，对解题教学思路概略性设计，引导学生积极思考、探索，教师对有的思路做出必要的调节、评估，随时动态生成新的思路与方法，可以充分调动学生学习主动性、积极性，感受新的教学资源，在合作共享的过程中建构新的知识体系，更有利于达成深度学习的目的。

回顾与反思是教学实施、教学实践过程中的一个很重要的环节，下一节专门讨论。

2.3　回顾与反思

一堂课的最后不是以下课铃声为节点，而应以对本节课的回顾与反思作为结尾，教师不仅需思考"是否完成了教学目标""是否达到了预期效果""课堂反馈如何"等关注教学效果的基本要求，更需要认真反思"是否解决了学生的问题和需求""不同学生个体是否在同一节课中各有收获""教师自身有什么收获"等关注学生和有利于教学改进与提高的内容。

回顾与反思要针对教学研究与实施重点关注或出现的问题进行。教学反思是一种学习，是一种教师专业成长的重要手段。要用批判的眼光审视教学过程、教学行为、教学理念的落实。不同教龄的教师反思的侧重点有所不同。新教师可以思考这样的问题：教学设计中教学的重点学生掌握了吗？教学方法运用是否有利于让学生理解数学知识？有更好的方法吗？这节课培养了学生的哪种数学能力和素养？教学完成任务了吗？学生听懂了吗？教师讲授、学生自主学习的安排是否合理？教师可以根据这些方面的反思，来调整自己的教学策略，完善教学方案，并在下次教学时进行尝试。只有把教学反思与教学改进相结合，才能在教学与反思的过程中提高教学能力。

教学是一门技术，更是一门遗憾的艺术。不论新手教师还是专家型教师讲授之后都会有一些遗憾。教学实施的基本过程还包括对过程的反思，其目的是对教师的教学设计和教学实施过程的效果进行反思。教学过程的评估主要包括如下几个方面：教学目标设计的达成，教学内容的实施，教学方法运用、过程与环节设计，课时设计与课后延伸的执行效果分析。反思不一定要面面俱到，可针对某一类问题进行深入思考。

教学目标设计时考虑到课程标准和学生的实际情况，对教学目标进行了具体清楚地描述，但实施的过程是，教学目标对学生知识、能力、思想与创造性思维等方面的要求是否得到落实，是否符合学生的实际情况，还需要在实施中进行调整，以及实施后进行反思。

对教学内容选择、组织以及呈现，在教学设计中提出了明确的要求，并注意到相关内容前后的联系，以及对重点和难点的分析，在实施中，是否真正符合学生的认知发展水平，还需要通过实践的检验。特别是在一些地方，很多学生参加了课外辅导的学习，一些新课的内容课外辅导学校提前讲过，但学生可能是一知半解，或有一些内容学生已经通过在线学习、拓展练习完成了这部分的学习任务，在教学设计中教师并没充分掌握这些情况，这就需要根据学生的情况进行调整，并对出现的这些问题进行评估与反思。

教学方法、过程和环节实施情况评估与反思，包括以下几个方面。

（1）根据教学设计，教学实施过程教师对主线表达、描述清晰，具有较强的系统性和逻辑性。教师引导学生对教学重点和难点的理解、掌握是否准确，在教学时能够化难为易，化繁为简，处理得当。

（2）教学方法选用是否得当，课堂教学的有组织，教师的讲授、启发引导、学生的合作交流与探索发现等是否有助于激发学生学习兴趣、调动学生积极参与。

（3）教学辅助手段与教具运用是否恰当，能够与数学教学内容深度融合，降低学生的认识负荷，并起到帮助学生更好地理解和运用数学的效果。

（4）语言表述精要清晰，语速适中，声音洪亮，层次合理，过渡自然，能启发学生积极思考，注重培养学生发现与提出问题，分析与解决问题的能力。

（5）注重倾听学生的回答，充分利用学生课堂中提出的问题，对解决问题好的（甚至是错误的方法或思路）生成性问题开展教学。课时分配科学合理，配套辅导与答疑设置合理，练习、作业、讨论的安排与教学目标相呼应，并且能够进一步强化学生反思能力，加深学生对学习内容的理解。

（6）板书和课件结构完整，布局合理，格式美观整齐、图表运用恰当，课堂秩序良好，有一定的组织能力等也是课堂教学实施评估的重要方面。

数学教学进行的评估与反思具体包括问题情境的实施、知识学习与探究、知识运用、例题讲解以及小结与作业。

（1）问题情境的实施。教师在教授数学知识内容时应该意识到数学概念、定理、公式等是前人的发现并经过长时间论证和高度概括的产物，将几百年衍化的知识精华在 45 分钟的课堂里传递给学生是需要智慧的，因此，对于那些抽象的概念和结论，创设适当的情境，让其与学生的已有经验联系起来，便于学生的接受和理解。在章节的起始，从生活中的实际问题引入帮助学生理解为什么要学习新的知识，让学生体会具象到抽象的建模过程是常用的做法。需要注意的是，问题情境不仅限于此，除了生活场景，教师还可以灵活使用科学的、学科的情境。如在引入函数的概念时以"碳 14 测年法"来展示变化的量与对应的函数值的关系对解决科学问题的重要性；而有些从数学到数学的引入则侧重于将前后所学的相关知识紧密联系起来，加深对其的认识与理解，比如在高中再次界定函数的概念之前，带领学生回忆初中时函数"变量论"的定义，对比引入高中更加抽象的"映射论"的定义，帮助学生从不同的角度理解同一个知识点，从一个一般的结论到一个"更一般"的结论，使其了解该知识进一步抽象的过程。

（2）知识学习与探究。在中小学阶段，知识的学习需要合理地"灌输"，适度地"探究"，两者相辅相成。教师是学生的学习伙伴，负责根据学生的学习能力和认知水平帮助学生学习和探究知识。有些知识内容不需要探究其源头，在相应的学段只需要学生认可结论并会运用即可。有些知识的形成过程比较重要，则需酌情安排足够的时间让学生探究，培养学生独立思考、发现问题、解决问题的能力。

（3）知识运用。知识的运用首先是对所学知识的概念辨析、巩固及技能训练；其次是帮助学生梳理新知识与旧知识的联系，将新知识纳入原来的认知结构，完成学生认知结构的延伸和扩展；最后则是将新知识应用于解决数学问题和实际问题。

（4）例题讲解。首先，教师在教学中要选取有示范性作用的典型例题，示范性好的例题是学生理解所学知识，运用知识解决问题的起点，教师在向学生示范解题过程的同时，应注重解释其思路的源头、逻辑链条的发展和格式安排的用意。所选例题在内容上要有联系性、逻辑性，追求例题之间知识的环环相扣，难度层层的递进。其次，教师也可适时选取有纠错性的例题，让学生产生错误，通过帮助学生找出错误根源、纠正错误的过程，以达到强化所学知识的目的。

（5）小结与作业。课堂小结不是对概念、公式、定理的简单重复，而是把知识提炼、升华、系统化的过程，是实践教学中必不可少的一环。可参考回顾主要知识点和技能，并形成系统性的框架；引导学生厘清整节课的数学思想方法，对所学的知识技能有所感悟；带领学生回顾整节课的重点和难点，把握整节课的关键；根据学生能力给予适当延伸，指明今后的学习方向和任务，为后续学习作铺垫。

作业的选取与教师对知识的理解、教学目标和学生情况的分析密不可分，其宗旨是让学生在课后能够独立思考并再现课上所学，从某种程度上说，作业是对教师教学实践最直接的反馈和评价。因此，作业的内容、难度和形式要立足于课堂教学、贴合学生的能力水平、反映教学目标的要求。在实践中需注意：作业要求具体化、明确化，如格式要求、预习的范围等；作业难度和广度弹性化，根据学生水平层次提供多种针对性的选择；作业内容有一定的拓展性，不仅要巩固练习所学知识，也要让学生体验知识的延伸；作业形式具备多样性，内容多样、方式多样。课堂、课后纸笔作业，让学生独立完成，是基本、最常见的形式。调查、实践，查找资料、撰写报告，通过合作的形式也是常规作业形式的必要补充。

2.4　数学课堂教学评价

广义的教学评价包括对教师"教"的评价，也包括对学生"学"的评价。"教"是因为"学"而产生和存在的。课堂教学评价是对教师教学能力和教学效果做出解读和评判，其评价内容、指标体系、划分标准不尽相同，所以评价本身其实是一种价值判断，是由人来评判的，一堂课的"好"与"坏"根据不同的理念、不同的价值导向、不同的目标可能会产生不同的论断，但是价值导向要符合课程标准的要求，不能与之背道而驰。课堂教学评价的意义是为教师提供改进教学的参考。好的方面需要发扬，而不足的地方则需要改进，对其他教师也有借鉴作用，因此，教学观摩和听课、评课是教学实践中常见的一种形式，也是教师专业成长的重要途径，本节将从听课、评课的角度来解析教学评价的方法。

1. 确定听课、评课的观察维度

在职前教师的培训中，常常忽略的一点是职前教师听课、评课关注点的偏移和缺失，因为他们积累了大量作为"学生"的听课经验，在刚开始进行教学观摩时往往无法完成身份的转换，因此，确定观察维度就是确定一堂课中"教师们"需要关注的点，让听课教师从"教"的角度有目的地进行听课。

首先要观察的是有关数学学科知识方面的内容，听课教师根据对教材的分析，观察任课教师对知识的引入方法、讲授方式等方面是如何做的，知识的逻辑体系以及具体内容有没有科学性错误，知识之间的层层联系是否清楚；其次是观察教师教学的某些环节，比如提问环节，教师课堂提问的有效性、是否以学生为中心、有没有调动学生的积极性；与之相对的是观察学生学习的某些环节，比如学生小组互动交流的环节，学生小组合作效果如何、是否都积极参与；最后还可以观察教师教学的基本功，比如教师教学辅助工具的选择和使用效果、教师课堂的组织和把控能力、语言表达能力、板书书写规范能力等。图2-1所示为数学教学实施中听、评课的观察维度。

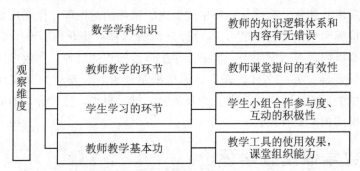

图 2-1　数学教学实施中听、评课的观察维度

2. 确定相应的听课表及评课表

听课表可用来记录教学过程及分析教学意图（表2-1），评课表可以根据观察维度分一级维度、二级维度等（表2-2），在不同的课程和年级段设置不同的评课表，也可以设置具体的分值，做成相应的量表。

表 2-1　听课表示例

科目		课题		授课教师	
学校		年级		听课时间	
教学目标	知识与技能			设计意图	
	过程与方法				
	情感、态度与价值观				
	教学重难点				
教学过程				设计意图	

评课量表设立的原则包括：

(1)期待性原则。量表所确立的课堂教学质量评价标准是一种期待性评价标准，即通过评价标准的导向性，期待所倡导的教学行为的出现。

(2)评价标准的不绝对化原则。在表中所确立的各项评价指标和评价标准，所指向的是课堂中的典型行为，并不是每一节课都必然会出现，也不是每个层次所特有的，如信息技术的使用、学生探究和小组合作等，虽然都是新课程改革倡导的理念，但并不是每节课都会涉及的环节。

表 2-2　评课表示例

一级指标	二级指标	三级指标	评价内容（示例）
教学知识	教学过程	导入	能激发学生的学习热情与认知需求
		探究	数学概念、公式、定理的讲授或探究循序渐进
		巩固	能让学生抽象出数学概念，或让学生提炼出程序性、操作性的方法
		小结	引导学生从新知中进行总结
	教学内容	教材处理	深刻理解、准确把握教材内容，在教学中能够灵活运用
		重点和难点	重点突出，在教学过程中能够化繁为简
		教学容量	教学内容充实，张弛有度
教师教学有效性	教学方法	方法实施	根据教学内容选择合适的方法
	教学语言	语言表达	生动，教师提问是否有针对性
教师教学有效性	教学效果（教学目标达成）	知识与技能	学生(大部分)对概念、定理的理解深刻，会进行应用
		过程与方法	能关注到提升学生数学核心素养
		情感、态度与价值观	情感方面的达成
	教学资源	资源选择（是否含信息技术）	教师的板书、多媒体的使用
学生学习有效性	学生参与	行为参与	学生积极主动参与学习、互动频率较高

续表

一级指标	二级指标	三级指标	评价内容（示例）
学生学习有效性	学生参与	认知参与	学生思考、解决问题较快、较正确，思维敏锐，能发表个人见解
		方式参与	学生自我控制力强，学习精神状态良好
……	……	……	……

示例中的评课表列出了评价的基本框架，教师观摩时可根据评课表和自身需求进一步加强对教学内容的关注：加强对知识内容顺序安排的关注，思考讲课教师顺序安排的意图，例如，教师进行公式教学时，先通过特殊案例发现规律，再总结一般结论和推导论证，或者在学习新概念时，利用开门见山的方法引入知识，再通过具体的例子对概念的内涵和外延进行分析；加强对教学中知识复习的关注，数学知识是一个庞大的体系，课堂中的知识复习环节可以帮助学生回顾旧知识，有利于新旧知识的类比学习，比如，"平面向量的数量积"这一节，在新授知识前复习特殊角的余弦值和已知余弦值求角，作为学习数量积的预备知识。

在观察学生学习的有效性时，除观察班级整体的学习情况外（如举手回答问题的积极性等方面），观摩者还可以加强关注授课教师组织的学生活动，探究其设计意图和活动效果，比如，讲解"余弦函数的图象和性质"一节，教师组织学生小组讨论时，通过类比正弦函数的图象归纳出余弦函数的图象的性质，观摩者可观察小组讨论的组织形式和过程，评估讨论的效果。

观摩者要习惯于有思考的听课，在完善之前所确定评课表及听课表的基础上，记录课程的特色之处，每次听课可提前制定一个主题，与观摩课程相匹配，便于之后的模仿及创新教学研究。

 思考与实践

1. 教学实施与教学设计的关系是什么？

2. 如何应对在教学实施中遇到的不在预设中的状况？

3. 教学评价的维度如何确定？可以从哪些角度评价课堂教学？

 **拓展资源**

1. 教学设计文本案例：棱柱的结构特征(北京市大成学校 陈曦)。

2. 教学设计视频案例：棱柱的结构特征(北京市大成学校 陈曦)。

第 3 章　数学概念教学设计与实施

在陈老师的记忆里，中学的数学学习是每天几乎有做不完的数学题，练习册、数学试卷是最主要的学习资料。大学的数学学习，很不一样。老师们则会花更多时间讲概念、定义、定理和证明，老师则常常要求学生反复认真看教材。中学和大学的数学难道不是一个数学？概念到底重要吗？

那么数学概念学习对于中学生来说，是不是可有可无的？中考、高考几乎不会考数学概念，为什么要教概念？怎么教概念？作为新手教师的陈老师来说似乎是个每天都在自我拷问的问题。

本章将回答陈老师这三个问题，尤其是怎么教的问题，即如何设计和实施概念教学？本章共分三部分：①数学概念是什么，数学概念一般应该怎么教？②如何设计概念教学？③如何实施概念教学？

3.1　数学概念教学基本理论

1. 概念和数学概念

逻辑学认为，概念是反映事物本质属性的思维形式。无论是形式逻辑还是非形式逻辑，概念都是基础。任何一个对象都包括事物和现象，而对象所表露的或内在的一切，就称之为属性。一般来说，某一客观对象的属性是穷举不尽的，而其中那些能够区分它和其他对象的属性，就是"本质属性"。这种属性只为这类对象所独有，是区别于另一类对象的根本依据。

数学概念是人类对空间形式和数量关系的概括反映，是建立数学法则、公式、定理的基础，也是运算、推理、判断和证明的基石，更是数学思维、数学交流的工具。数学知识正是通过数学概念以及概念与概念之间的关系，构成了具有严密性、逻辑性的数学知识体系。

例如，"四边形"的概念，具有方位、大小、形状等方面的多重属性，但只要抓住"四条边"这条属性，就可以把它与其他多边形相区分；而"两组对边分别平行"这条属性，就可以把"平行四边形"与其他四边形相区分。"四条边"和"两组对边分别平行"就是平行四边形这个概念的本质属性。

把本质属性从众多属性中分离出来，并把这些本质属性作为一个整体，就形成了平行四边形这个清晰的数学概念。

但是，客观对象的本质属性不是绝对的，也不是唯一的，从不同角度可以对同一对象归结出不同的本质属性，这种等价命题的存在保证了本质属性的相对性和多样性，对理解概念（和下一章要讲述的命题）很有必要。比如，"数的绝对值"这一概念的本质属性是"数的绝对值等于数轴上对应于这个数的点到原点的距离"，这个表述可以推出三个分命题："正数的绝对值还是它本身；负数的绝对值是它的相反数；零的绝对值是零"。概念本质属性的表述和这三个命题是相互等价，可以相互推导和替代的。这种同一概念的多样定义，需要教师在学生对理解概念发生困惑时，点破它们的等价性，就能帮助学生从多种角度理解概念的本质。

要培养学生的数学思维能力，就要以基本概念为核心，引导学生抓住新旧知识的连接点、逻辑推理的新起点，去研究问题的发现过程、知识的发生过程、概念的形成过程、结论的推导过程、规律的揭示过程……去研究已有知识怎样成为后续知识的基础，使知识网络本身反映出知识传授、能力培养的"序"，使前后知识互相蕴含、自然推演，在思维方面为学生提供一个由已知到未知的逻辑思路，从而形成蕴含较高思维价值的、发展的、运动的、延伸的、发散的知识网络。

2. 数学概念的分类

了解了概念的重要性，我们还需要思考一个问题：数学概念从哪来的？从客观世界中的数量关系和空间形式的直接抽象——对现实对象或关系直接抽象而成的概念，比如数字、图形。在已有数学理论上的逻辑建构——纯数学抽象物，是抽象逻辑思维的产物，是一种数学逻辑构造，没有客观现实与之直接对应，比如方程、函数和向量等。这类概念对建构数学理论非常重要，是数学继续发展的逻辑源泉。

学生要了解概念的来龙去脉，才能正确地使用概念；学生还要了解概念之间的关系，会对概念进行分类，从而形成概念体系，进行更复杂的分析。概念的定义实际上就是一个分类规则，人们可以通过对概念的研究来确定概念内部之间的关系，以及和其他概念之间的区别。

如果按照学习方式（维果斯基）划分，概念有日常概念（没有经过专业教学，仅通过个体在生活中的辨认学习、积累经验获得的概念）和科学概念（在教学过程中通过概念的本质而形成的概念）之分。如果按照是否可观察（加涅）划分，概念有具体概念（能够直接指出来、可观察到的概念，如苹果、太阳、红色、三角形等）和定义概念（无法直接观察到，只能根据定义来学习的概念，如温度、零、平方根、虚数等)之分。如果按照复杂程度(奥苏伯尔)划分,概念有初级概念(通过分析概念的正、反例就可以概括其本质特征的概念)和二级概念(相比初级概念,二级概念更为复杂,不仅是通过观察正、反例,还要经过同化定义才能获得)之分。

以三角形为例,三角形是一个初级概念,观察比较不同的图形(如长方形、圆、矩形等)可获得其本质特征,而等边三角形就是一个二级概念,在初级概念三角形的基础上增加了三边相同的本质属性。

没有数学概念,就谈不上数学中的公理、定理、推论等命题,更谈不上思维和推理。因此,数学概念在整个数学知识体系中占有极其重要的地位。学数学首先就要学习、理解、掌握、运用数学中的一些基本的核心概念。因此,概念学习具有如下**重要作用**。

(1)概念是判断的基础,当概念与概念出现联合,就形成了判断,表现为所思考分析的对象具有某种属性或不具有某种属性,即肯定或否定什么东西。因此,对数学研究的对象进行正确的判断,前提是对概念有深刻的理解和掌握。

(2)概念是理解法则、公式、定理的基础。对数学概念的理解水平会直接影响学生对法则、公式和定理的理解和掌握,进而也不能在具体问题情境中运用相应的法则、数学公式和定理去解决问题。

(3)概念是思考的前提。理解、解答数学问题的过程就是运用概念进行判断、推理的思维过程。

(4)已知概念是学习新概念的基础。在解决数学问题中,学生出现错误或不能理解题意,最基本、最常见的问题就是概念不清。

3. 数学概念学习的基本特征

概念有两个基本特征:内涵和外延。内涵是概念所反映事物的本质属性的总和,可以理解为质;外延是概念所反映事物的范围,可以理解为量。

以"偶数"概念为例,内涵是"能被 2 整除",外延是"所有偶数的全体";以"一元二次方程"概念为例,内涵是"只含有一个未知数且未知数的最高次数是 2 的等式",外延是"形如 $ax^2+bx+c=0(a\neq0)$ 的方程的全体"。

内涵和外延是相互联系,相互制约的"反变关系"。当内涵扩大时,外延就缩小;当内涵缩小时,外延就扩大。比如四边形的内涵中,增加"两组对边分别平行"这个性质,就得到平行四边形的概念,平行四边形的外延比四边形外延缩小了;在等腰三角形的内涵中,拿去"有两边相等"这个性质,即为三角形的内涵,三角形的外延比等腰三角形的外延扩大了。

随着事物的发展变化和人类实践的不断深入，概念的内涵和外延也会不断地发展变化。例如"绝对值"这个概念，随着数集的扩充，其内涵不断地丰富。在有理数集中，绝对值的定义是"正数和零的绝对值是它本身，负数的绝对值是它的相反数"。学生过去的经验，既包括日常生活经验，又包括在学校数学课中已获得的知识、技能，是保证学生顺利掌握新数学概念的重要条件。

数学概念的学习过程中，需要搞清学生的日常概念（或者前概念）与科学概念之间的关系。科学概念是指定义明确的，有一定逻辑意义和体系属性的概念。我们在课程中所教的数学概念就属于科学概念。对于同一个概念，学生在系统地学习科学知识之前所具有的想法被人们称之为"前概念"（pre-concept）。也有一些研究者用"自发性概念"来表示产生于学生的日常生活的自然形成的认识。现代学习心理学和实践研究表明，儿童在进入学校之前、在学习学校数学之先，头脑里并非空白一片、像一块"白板"。事实上，他们在日常的生活实践中已形成了一定的"数学概念"。他们对现实世界中的空间形式和数量关系有自己的看法和理解。这些概念通常具有合理的成分，但不精确，有些甚至是错误的。其中与科学概念不同的观念被称为错误概念（mis-concept）。例如，把"$-a$"看成负数。因为，这时学生所熟悉的仍只是正数。在日常生活中，"垂直"通常是以地平面为参照。学生在学习几何概念"互相垂直"时，就会以日常的"垂直"概念代替"互相垂直"概念。用日常概念"角"来代替数学概念"角"时，学生在理解"平角"就会出现许多错误。在学习"平方根"与"算术平方根"两个概念时，由于一个正数的平方根涉及正、负两个数，这与许多学生的经验非常不同，于是就出现了学习的困难。与此同时，又要学习"算术平方根"概念，这样就出现有时要取正、负两个数，有时又只取一个正数的情况，从而引起学生记忆和理解的混乱。更多的例子则表明一些日常经验可以帮助学生理解抽象的数学概念。例如，把"坐标"解释为"座位的标记"，即"第几排第几号"，这对理解坐标系概念是有帮助的。

作为数学教师，需要确定日常概念对科学概念的理解可以产生积极或消极的两种影响。学生掌握的科学概念许多都是从日常概念中发展而来的，研究学生自身的经验和概念可以使教师更好地理解他们考虑问题的方法和理由。因此，概念教学要以学生的日常概念为基础进行设计，对照科学概念，帮助学生从自发性概念中去粗取精，去伪存真，提高概念教学的效果。

根据抽象程度的不同，新概念的学习往往建立在对已有概念的学习、理解和掌握的基础之上。新旧概念之间一般可以有三种关系，这些关系分别对应三种学习类型。

(1)下位关系学习或类属学习。当新知识从属于学生数学认知结构中已有的、包容范围较广的知识时，则构成下位关系。这是新知识与学生已有认知结构之间的一种最为普遍的关系。例如，学生先学习了"三角形"的概念，再学习等腰三角形、等边三角形，或者锐角三角形、钝角三角形、直角三角形的概念时就构成下位关系的学习。再如，学生掌握"函数"的一般定义、性质以后，再学习具体的函数：幂函数、指数函数、对数函数、三角函数等也构成下位关系学习。从中可以看出，这种学习一般表现为通过增加条件对上位概念进行限制或补充而形成新的概念。

(2)上位关系学习或总括学习。当要学习的新知识比已有知识的概括程度更高、包容范围更广，可以把一系列已有知识包容其中时，即原有的观念是从属观念，而新学习的观念是总括性观念。新旧知识之间便构成一种上下位关系，这时的学习就称为上位学习或总括学习。例如，高中数学中的"导数概念"就是对学生已学习的"瞬时变化率"概念的进一步概括。实数概念是对"有理数""无理数"或"正数""负数""零"概念的发展。在上位关系学习过程中，关键是从下位概念中归纳概括出它们的共同特征。

(3)并列结合学习。如果新旧知识之间既不产生下位关系，又不产生上位关系，但是新的内容与学习者已有的一些观念有某种属性或结构的相似，所以可以通过合理的组织这些潜在的、已有的观念学习新知识，这种学习类型就称为并列结合学习。在实际学习中，很多新概念的学习都属于这种学习。例如，学习"直线与平面的平行(垂直)"就需要组织起学生在平面几何中获得的"直线与直线的平行(或垂直)"的知识进行学习。学习"负数"就需要组织起学生已有的"相反意义的量"的观念。"向量"的概念可以组织起学生在物理学习中已建立的"位移""速度"等概念。进一步，可以通过类比数及其运算研究向量运算。通过并列结合学习，学生能够从貌似无关的两个事物中发现它们的某些共同的本质特征，从而获得对知识的一种全新理解。

从上面的论述中可以发现，无论哪种类型的概念学习，在教学开始时一般都需要一些先于具体的教学内容而向学生呈现的一种引导性材料，它的作用是在学生认知结构中原有的观念和新的学习任务之间建立起关联。这些材料在认知心理学中称作"先行组织者"，这种教学策略就是先行组织者策略。①

---

① 曹一鸣. 数学教学论. 第 2 版. 北京：北京师范大学出版社，2017.

3.2　数学概念教学的设计

数学概念是人类智慧的结晶，首要表现在概念的形成。大多中小学数学教学中，重要的不是概念而是解题，如几何题添加辅助线、证明、计算，解中考、高考题。其实对数学概念的学习和深度理解，才是最基本、最核心的，这对数学基本思想方法的掌握，核心素养的提升起到关键性的作用。

数学概念最重要的特征是它们都被嵌入在组织良好的概念体系中。数学的逻辑严谨性主要体现在数学概念的系统性上，后继概念是在前概念基础上的逻辑建构，个别概念的意义总有部分来自与其他概念之间的联系，或者出自系统的整体特征。在概念教学，尤其是核心概念教学中，要树立"整体观"和"系统观"，以核心概念为纲，将相关概念统整为一个网络系统，突出概念形成的过程性。概念教学设计需要突出以下几个方面。

1. 立足理解设计教学目标

概念教学的基本目标是什么？是让学生理解，理解的基础上，才能运用概念表达思想和解决问题。因此，**理解是基础**。

当我理解了

- 我就感到愉快
- 我就自信
- 我可以忘掉所有细节，而在需要的时候重新构造
- 我觉得它已经属于我
- 我可以把它解释给别人听

——(Duffin & Simpson，1994)

从认知心理学角度看，理解某个对象是指把它纳入一个恰当的图式，图式就是一组相互关联的概念，图式越丰富，越能处理相关的变式情境。

数学概念理解有三种不同水平：①工具性理解(instrumental understanding)，会用概念判断某一事物是否为概念的具体例证，但并不清楚与相关概念的联系。②关系性理解(relational understanding)，不仅能用概念做判断，而且能将它纳入概念体系中，与相关概念建立联系。③形式性理解(formal understanding)，在数学概念术语符号和数学思想之间建立联系，并用逻辑推理构建其概念体系和数学思想体系。

在概念教学设计中，首先需要从数学学科体系本身出发，根据课程标准的

要求把握所教的数学概念对应的了解、理解掌握水平的要求，结合对教材的分析和研究，合理设计教学目标。

2. 根据概念类型选择教学方式

在概念教学设计过程中，需要对概念进行学术解构和教学解构。

(1)学术解构：从数学学科理论角度对概念内涵及其所反映的思想方法进行解析，包括概念的内涵和外延，概念所反映的思想和方法，概念的历史背景和发展，概念的联系、地位作用和意义等。

(2)教学解构：是在学术解构的基础上，根据课程标准的要求，对概念的教育形态和教学表达进行分析，重点放在对概念的发生发展过程的解析上，包括对概念抽象概括过程的"再造"、辨析过程(内涵与外延的变式、正例和反例的举证)、概念的运用(变式应用)等，其中设计恰当的例子来解释概念是一件具有创造性的教学准备工作。教学上的解构，需要根据学生概念学习的不同方式进行。

学生的概念学习从本质上来讲，就是概念获得的过程，是在教师的指导下来进行的。一般地，概念获得包括概念形成与概念同化两种方式。学生理解和掌握概念的过程实际上是掌握同类事物的共同、关键属性的过程。如果某类数学对象的关键属性主要是在学生对大量同类数学对象的不同例证进行分析、类比、猜测、联想、归纳等活动基础上独立概括出来的，那么这种概念获得的方式就叫作概念形成。

概念形成的教学需要设计以下步骤来实现：①数学概念背景的引入；②通过分析、比较不同的例证，进行相关属性的概括和综合；③概括例证的共同本质特征得到概念的本质属性；④形成概念的定义，并用符号表示数学概念；⑤概念的辨析，进一步明确概念的内涵和外延；⑥概念的初步应用，形成用概念作判断的具体步骤；⑦建立与相关概念的联系，形成概念之间的结构。

教学设计的基本原则是采用与概念类型、特征和获得方式相适应的方式，以促进概念的理解。概念同化(通过逻辑建构)的教学方式在中学阶段尤为重要，因为它能让学生更清楚地认识概念的系统性和层次性，有利于学生从概念的联系中学习概念，在概念系统中体会概念的作用，促进对概念的理解和应用。概念符号化是概念教学的重要步骤，在教学实施阶段，要注意让学生掌握符号的意义，进行数学符号及其意义的心理转换训练。

以定义的方式直接向学生呈现概念的关键特征，在已有概念的基础上添加其他新的特征性质而形成，这时学生利用自己认知结构中已有的相关知识对新概念进行加工、改造，从而理解新概念的意义，这种获得概念的方式就叫作概念同化。概念同化方式学习概念一般设计以下的环节来帮助学生理解、掌握数学概念：①揭示概念的关键属性，给出定义、名称和符号。②对概念进行特殊的分类。讨论这个概念所包含的各种特例，突出概念的本质特征。③使新概念与已有认知结构中的有关概念建立联系，把新概念纳入已有概念体系中，同化新概念。④用肯定例证与否定例证让学生辨认，使新概念与已有认知结构中的相关概念分化。⑤把新概念纳入相应的概念体系中，使有关概念融会贯通，组成一个整体。概念同化主要是从抽象定义出发，以演绎的思维方式理解和掌握概念。

3. 进行变式建立概念间联结

概念的变式分为概念变式（属于概念的外延集合）和非概念变式（不属于概念的外延集合，但是与概念对象有某些共同的非本质属性，如反例）。其有三种方式：①通过直观或具体的变式引入概念；②通过非标准变式突出本质属性；③通过非概念变式明确概念外延。

概念教学的最后一个步骤是在新获得的概念与已有概念之间建立各种联系，从而形成一个概念的网络。数学联结有新信息与已有理解之间的联结、数学概念与其表征之间的联结、数学概念与日常生活里相关概念的联结三种基本形式。在建立数学联结时，教师可以考虑组织跨学科教学实践、项目学习和指导学生在复习课时画概念图的方式。

对于低学段的学生而言，需要在帮助学生搭建新知的脚手架部分多花时间，通过创设情境，让学生从熟悉的生活情境，已有的经验基础上，通过直观感知，动手操作与实验，积累活动经验。要充分利用感性经验，帮助学生形成概念。也就是说，让学生体验概念的形成过程，即从大量的同类事物的不同例证中发现该类事物的本质属性，即"具体—抽象"的过程。例如：小学"三角形的感性认识"，教师用不同长度的小木棒让学生拼三角形，有的能拼成有的不能，"为什么呢?"学生通过操作和讨论，发现三角形各边长度的内在关联，这是初步感知三角形的特征，在此基础上教师可以帮助学生抽象出三条线段围成一个封闭图形，这是三角形的本质属性，然后概括出三角形的概念——三条线段围成的图形，再通过变式练习，深化学生对三角形的认识。

而对于学段稍高的学生，可以运用旧知识引出新概念。有些概念难以直观表述（如比例尺、循环小数），但它们与旧知识都有内在联系，教师在备课时就要分析这些新概念与哪些旧知识有内在联系，帮助学生拓展概念网络。例如："平行四边形的面积公式"。第一步，复习长方形面积公式：长×宽；第二步，将平行四边形沿着一条对角线或沿着一个顶点作对边的高，将它切割成两部分，然后拼成等面积的长方形；第三步，根据等积概括出平行四边形的面积公式：底×高。

在概念抽象出来以后，为了加强学生的理解，提高对数学的价值认同，可以通过实践对概念进行对照和验证。

在上述平行四边形的面积公式基础上，可以进行拓展思考，给学生一个长方形教具，让其拉扯长方形对顶点变成平行四边形，观察面积的变化。

不同的学段教师需要结合学生的思维发展特点和学习风格，做具体调整。

判断学生是否理解了概念的表现有四个方面：①感知（conception）：学生对概念的认识和信念；②表征（representation）：学生对概念的描述和表示；③联结（connection）：学生在概念的各种表征之间建立联系（"理解的程度取决于联结的数量和强度"——Hiebert & Carpenter，1992，p. 67）；④应用（application）：学生应用这个概念去解决问题。

因此，评价对概念的掌握，有测试（包括标准化测试）、问卷、访谈、出声思维、概念图等诸多方式，其中概念图比较流行。概念图（concept map）是利用图示的方法表达人们头脑中的概念、思想、理论等，把人脑中的隐性知识显性化、可视化，便于人们思考、交流和表达。通常做法是把某一主题的有关概念置于圆圈或方框中，用连线将相关概念和命题连接，连线上标明两个概念之间的意义关系。

4. 教学设计需要关注的几个方面

概念教学不能只满足于告诉学生"是什么"或"什么是"，还应让学生了解概念的产生和引入它的理由，以及在建立、发展理论或解决问题中的作用。核心概念的教学尤应如此。概念教学设计中一般需要考虑以下 7 个方面。

（1）直观与抽象

数学的概念是抽象的，在教学过程中，需要通过实物、教具、图形、现代技术以及丰富的案例，帮助学生从生动直观走向抽象，形成数学概念，再到实际应用，形成完善的数学概念体系和认知结构。

（2）通过正例和反例深化概念理解

通过"样例"深化概念理解，数学思维中，概念和样例是相伴相随的，提起某个概念，头脑中的第一反应往往是它的一个样例，比如"函数"，我们可能会想到一次函数、指数函数等具体解析式或图象。

概念的反例提供了最有利于辨别的信息，可以抛出无关特征的干扰，对概念认识的深化具有非常重要的作用。但需要注意的是，反例要在学生对概念有一定理解后用，否则会出现干扰。

（3）利用对比明晰概念

"有比较才有鉴别。"对同类概念进行对比，可以概括共同属性；对有种属关系的概念做类比，可突出被定义概念的特有属性；对容易混淆的概念做对比，可澄清模糊认识，减少直观理解错误。

以"最值"和"极值"为例，前者有整体性，一定可以取到；而后者有局部性，未必能取到。

（4）运用变式完善概念认识

变式是事物的肯定例证在无关特征方面的变化。通过变式，学生可以更好地掌握概念的本质和特征。

具体做法：更改对象的非本质属性特征的表现形式，变更观察事物的角度或方法，以突出对象的本质特征，突出那些隐蔽的本质要素。

例如：等差中项，除了认识"若 a，b，c 成等差数列，则 b 为 a 和 c 的等差中项"这一定义外，还要认识"$b-a=c-b$""$2b=a+c$"，建立算法。

需要注意的是，学生习惯形象思维记忆，对较抽象的数学概念要引导学生从形的角度进行再认识，以获得概念的直观、形象支撑。

（5）概念精致

概念精致也称概念浓缩，抓住概念的精要所在，或对关键词的表征。学生的认识结构中，"概念定义"是惰性的，容易被遗忘，因为记忆组块是有限的。

例如：增函数的概念表述，学生会有多种表述：

"当 x_1 大于 x_2 时，$f(x_1)$ 大于 $f(x_2)$。"

"这时函数值跟着自变量 x 而增大。"

"上凸增函数类图象。"（配合手势）

这说明，学习增函数，首先要有直观形象（图象）的引入，然后到语言描述，再到数学符号语言的描述。

（6）注意概念的多元表征

表征方式有实物、模型、图象或图画进行的形象表征，有口语和书写符号进行的符号标志。建议：不同表征将导致不同的思维方式，表征多元化可以促进学生的多角度理解；在不同表征系统中建立概念的不同表征形式，并在不同表征系统之间进行转换训练，强化学生对概念联系性的认识；建立概念不同表征间的联系，并选择、使用与转化各种数学表征，为使用概念解决复杂问题作铺垫。

（7）将概念算法化

将概念算法化即将陈述性的概念定义转化为程序性的算法化知识。学习概念的目的是应用，反之，应用也能促进对概念的理解。

3.3 数学概念教学的实施

概念教学的实施环节，主要分为三个步骤：(1)概念探究。在此步骤需要为学生铺设情境，设置合理的脚手架，帮助学生探究概念的内涵和外延。(2)变式教学。变式包括概念变式和非概念变式，目的在于帮助学生从多个角度进行辨析和理解。建立数学联结和多重概念表征体系。(3)概念的多重表征。这不仅有利于学生对概念的多角度理解，而且可以和其他概念建立联系。下面通过一个具体的案例来说明概念教学实施。

案例："弧度制"概念教学实施与反思

一、教学引入

很多数学教师的概念教学常常采用"一个定义，三项注意"的方式进行，用时一般不超过 5 分钟，概念教学只关注习题训练，不关注概念的背景、探究知识的过程，导致很多学生在数学上耗费大量时间、精力，但却错过了重要的概念发生、发展过程，失去了独立思考、自由发挥的机会，对数学的本质理解不深入，混淆概念，课上"一听就懂"，课后"一做就错"。

数学概念教学要给学生提供独立思考、合作探究的机会，要关注培养学生思维的独创性、灵活性和深刻性，要让学生亲自体验概念的生成过程。

二、教学实施过程

"弧度制"是三角函数中极其重要的一节概念课，弧度制的建立有着悠久的历史，弧度制的产生历史既是一种内容知识，也是一种教学知识。弧度制的概念为什么会诞生？它是怎样诞生的呢？恰当运用"历史事实"为支撑的概念教学，可以帮助学生形成对概念的深刻领悟。那么，如何利用这些史料开展大观念指引下的概念课教学设计研究呢？这里进行了如下引入：

请同学们追寻历史的足迹，探寻前人曾经走过的路。古代历史上，托勒密(Claudius Ptolemaeus)和阿耶波多(Aryabhata)都发现在同一个图形中，单位不统一，会带来不便，因此，他们想把单位统一，"如何统一单位？"请同学们思考。"统一单位"无形中成为学生"再创造"的任务，但是在试讲的过程中，编者发现学生并不理解历史材料，根本无法回答教师提出的问题，这样的引入严重挫伤学生学习积极性，为此，编者进行了二次引入。

1. 设置情境，提出问题

请学生猜任课老师的身高，用不同的单位分别猜测，误差不超过 2 厘米。

问题 1：正如身高有米、尺、英寸等不同的度量单位，质量有吨、磅等不同的度量的单位，角除了度、分、秒以外还有没有其他的度量单位？

问题 2：在角度制下，当把两个带着度、分、秒各单位的角相加、相减时，由于运算进率非十进制，总给我们带来不少困难，我们能否重新选择角的单位，使在该单位制下两角的加、减运算与常规的十进制加、减法一样呢？

师：为了科学研究的需要，今天我们一起学习度量角的另一个单位——弧度。

设计意图：通过猜任课教师身高引入课题，学生热情高涨，通过举例说明身高有米、尺、英寸等不同的度量单位，质量有吨、磅等不同的度量单位，联想到度量角的单位除了度、分、秒以外还有另外一个度量单位，引出课题，角度制非十进制，计算烦琐，迫切需要一种十进制单位计算角度，指明研究的必要性。

师：在角度制中，我们先定义了 1° 的角，从而得到了以度为单位，度量角的单位制——角度制，现在要研究新的度量角的单位制，首先要研究什么呢？

生 1：定义单位角。

师：在新的度量角的单位制中，怎样定义单位角的大小才方便计算？要解决这个问题还需要从角度制的源头说起，古巴比伦人发明了角度制，他们把圆周分成 360 等份，每一份圆弧所对的圆心角的大小叫作 1 度。

师：这个 1 度的定义研究载体是圆，研究方法是等分圆周。

设计意图：人类知识的积累始终遵循"从已知领域扩展到未知领域"的认识规律，因此，想要取得良好的教学效果，必须在课堂教学中贯彻这一认识规律。角度制中，先定义 1° 的角，类比得到在新的单位制中，也要先定义单位角。那怎么定义单位角呢？从角度制的源头找到研究载体、研究方法。

2. 问题探究，提出概念

师：在圆中，与圆心角的大小 $n°$ 相关的量有什么？

生 2：圆的半径 r 和弧长 l。

探究 1：在角度制中，r、l 与 n 之间具有怎样的关系？请同学们自主探究，得出结论。

生 3：角度制中扇形的弧长公式 $l = \dfrac{n\pi r}{180}$。

师：如何借助弧长公式，用 l 和 r 表示 n？

生 4：由弧长公式得 $n = \dfrac{180 l}{\pi r}$。

师：将公式变形为 $n=\dfrac{180}{\pi}\times\dfrac{l}{r}$（板书），$\dfrac{180}{\pi}$ 是大于 0 的常数，n 与 $\dfrac{l}{r}$ 成什么关系？

生 5：n 与 $\dfrac{l}{r}$ 成正比关系。

设计意图：在半径为 r 的圆中，弧长为 l 的圆心角 n 与 $\dfrac{l}{r}$ 成正比，学生知识起点是角度制下扇形的弧长公式，他们没有将公式变形，无法看到圆心角的大小 n 与 $\dfrac{l}{r}$ 成正比，老师对公式稍微变形引出弧度制下的公式，符合学生最近发展区。

师：角度制中定义 1° 的研究方法是等分圆周，18 世纪伟大的数学家欧拉(Euler)以等分圆周为切入口，提出了表示角的大小的另一个形式，现在让我们一起追寻欧拉的足迹。

探究 2：请同学们等分圆周，自主探究，填写表 3-1（学生自主探究，教师用希沃授课助手展示）

表 3-1

扇形	扇形的弧长 l	$\dfrac{l}{r}$	弧所对的圆心角的大小

师：同学们在自主探究的过程中，有没有找到度量角的另一种形式？

生 6：$\dfrac{l}{r}$。

师：为什么 $\dfrac{l}{r}$ 就可以度量角的大小？

生 7：$\dfrac{l}{r}$ 是实数，与我们以前所学的度量角的单位度是不一样。

师：欧拉也是这样想的，他将圆周进行二等分、四等分得到了下面数据（如表 3-2），$\dfrac{l}{r}$ 是 π、$\dfrac{\pi}{2}$ 这样的实数与我们以前学过的 180°、90° 是不一样的，于是他就用 π 来表示半圆所对的圆心角，$\dfrac{\pi}{2}$ 表示 $\dfrac{1}{4}$ 圆弧所对的圆心角，也就是说，他用 $\dfrac{l}{r}$ 来度量角的大小。

表 3-2

扇形	扇形的弧长 l	$\dfrac{l}{r}$	弧所对的圆心角的大小
（半圆，π，r）	πr	π	180°
（四分之一圆，$\dfrac{\pi}{2}$，r）	$\dfrac{\pi r}{2}$	$\dfrac{\pi}{2}$	90°

师：欧拉取扇形的弧长是 πr、$\dfrac{\pi r}{2}$，有的同学取的是 $\dfrac{\pi r}{4}$，然后算出 $\dfrac{l}{r}$ 的比值，用这个比值来度量角的大小。请同学们想一想我们取扇形的弧长 l 为多少，定义单位角的大小才方便计算？请同学们思考一会，再与同学交流。

生 8：取扇形的弧长 l 为 r，$\dfrac{l}{r}=1$，去定义单位角。

师：如何画出这个单位角，需要以半径为单位度量圆弧长，请同学们看几何画板制作成的动画（图 3-1）。

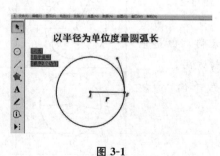

图 3-1

3. 动手实践，形成概念

师：将长度等于一个半径长的线段，"化直为曲"放在圆周上，这样就得到了一段长度和半径一样长的弧，那么这段弧所对的圆心角有多大呢？我们给这么大的圆心角下一个定义：（板书）把长度等于半径长的弧所对的圆心角叫作 1 弧度的角，记作 1 rad。

学生活动：（现场直播）请同学们在组内用工具画出 1 弧度的角和 2 弧度的角。

师：用弧度表示角的大小时，只要不引起误解，可以省略单位，1 rad、πrad 可分别写成 1，π。

师：用弧度作为角的单位来度量角的单位制称为弧度制，出生于约公元 90 年的古罗马帝国的天文学家托勒密萌发了弧度制的思想，经过了 1 600 多年，到了 1748 年瑞士的数学家欧拉提出了弧度制的概念，又过了 125 年，到了 1873 年爱尔兰的工程师汤姆森（Thom Pson）确立了"弧度"一词，科学家们经过了长达 1 700 多年的努力，才确立了弧度一词，我们在以后的学习中要学习这种锲而不舍，勇于创新的探索精神。

设计意图：弧度的概念是本节的难点，弄清 1 弧度角的含义是建立弧度概念的关键。在弧度制发展史上，瑞士的数学家欧拉在《无穷小分析引论》中首次提出了弧度制的概念，编者设计了探究 2 让学生追寻欧拉的足迹，让学生体验数学的探究过程，感受 $\frac{l}{r}$ 是实数，与我们以前所学的度量角的单位度是不一样的。制作几何画板动画和动手画 1 弧度的角是为了弄清 1 弧度的角的含义，向学生讲述弧度制的发展历史，丰富学生的数学史知识，向数学家的奉献和创新品质致敬。

4. 归纳提炼，深化概念

探究 3：已知弧长 l 与半径 r，如何求出 α 的弧度数（图 3-2）。

学生活动：基于 1 弧度角的定义，学生能自主完成表格，但是学生会忽略角终边的旋转方向。

师：已知弧长 l 与半径 r，如何求出 α 的弧度数？

生8：$\alpha=\frac{l}{r}$。

生9：$\alpha=\pm\frac{l}{r}$。

生10：若 α 是正角，则 $\alpha=\frac{l}{r}$；若 α 是负角，则 $\alpha=-\frac{l}{r}$。

师：生 10 逐步完善前两位同

图形	l	α 的弧度数
	$2r$	
	$3r$	
	πr	

图 3-2

学的答案，能用一个式子表达吗？

生 10：$|\alpha|=\dfrac{l}{r}$。

设计意图：学生自主思考，共同交流，探究结论，教师适当点拨引导，深化认识。这样的教学处理比用公式求圆心角时，强调其结果是圆心角的弧度数的绝对值效果要好。

探究 4：弧度与角度都是角的度量单位，它们之间如何换算？

生 11：根据探究 2 等分圆周时得到的特殊图形，得到 $\dfrac{\pi}{2}$ 和 $90°$ 都表示同一个角，因此 $\dfrac{\pi}{2}=90°$。

生 12：根据图 3-2 最后一幅图，$\angle AOB=180°$，$\angle AOB=\pi\text{rad}$，因此 $180°=\pi\text{rad}$。

生 13：根据探究 1 公式的变形 $n=\dfrac{180}{\pi}\times\dfrac{l}{r}$ 得 $n=\dfrac{180}{\pi}\alpha$，$\alpha=\dfrac{\pi}{180}n$。

师：非常棒！在角的概念推广以后，此结论也成立。

师：$180°=\pi\Rightarrow1°=\dfrac{\pi}{180}\approx0.017\ 45$，$1=\dfrac{180}{\pi}$ 度 $\approx57.30°$。

设计意图：学生根据探究 1，探究 2 和探究 3 都能自主思考，小组内交流展示，得出结论，教师在关键处进行点拨可以深化对公式的理解。

5.精选例题，理解概念

题型 1(弧度化为度)例 1　把下列各角化为度：

(1)$\dfrac{3\pi}{5}$；(2)3.5。

题型 2(度化为弧度)例 2　把下列各角化为弧度：

(1)$252°$；(2)$11°15'$。

师：两个例题中第(1)题学生发言，教师板书规范过程，第(2)题学生完成，投影解题过程。

练习　将图 3-3 中特殊角度转化为弧度，弧度转化为度。

设计意图：例 1 和例 2 是让学生能正确地进行弧度与角度的换算，加深对弧度制的理解和应用，练习中设计了等分的方案，帮助学生熟记特殊角的弧度数。

探究 5：弧度制建立后，弧长与扇形的面积公式分别是什么？

生 14：由扇形的弧长公式 $l=\dfrac{n\pi r}{180}$ 得 $l=|\alpha|r$，由扇形面积公式 $S=\dfrac{n\pi r^{2}}{360}$

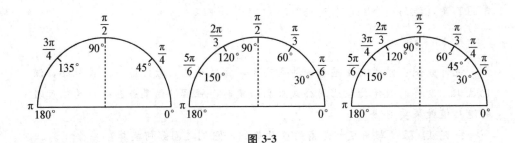

图 3-3

得 $S=\dfrac{1}{2}|\alpha|r^2$。

生 15：直接由 $|\alpha|=\dfrac{l}{r}$ 得 $l=|\alpha|r$，$S=\dfrac{1}{2}lr=\dfrac{1}{2}|\alpha|r^2$。

生 16：直接由 $|\alpha|=\dfrac{l}{r}$ 得 $l=|\alpha|r$，$S=\dfrac{|\alpha|}{2\pi}\cdot\pi r^2=\dfrac{1}{2}|\alpha|r^2=\dfrac{1}{2}lr$。

师：求扇形面积公式时，要注意 $|\alpha|\leqslant 2\pi$，弧度制下的公式大大简化了运算。

题型 3（弧度的应用）例 3　已知扇形的周长为 8cm，圆心角为 2，求该扇形面积。

设计意图：通过例 3，学生可以体会弧度制在简化公式、简化运算方面的作用。

6. 建立联系，拓展概念

角的概念推广以后，弧度制下，角的集合与实数集 **R** 之间就建立起一一对应关系：每个角都对应唯一的一个实数；每一个实数也都对应唯一的一个角（图 3-4）。

设计意图：角的集合与实数集 **R** 之间建立起一一对应关系，为后续学习任意角的三角函数作铺垫，也使得任意角作为自变量登上了函数的舞台。

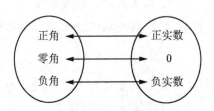

图 3-4　角的集合与实数集的关系

7. 自主归纳，提升概念

师：通过本节课的学习，你有哪些收获和疑惑？

设计意图：通过学生总结内容、提炼方法、分享感受、交流思想，培养学生总结反思的习惯，让学生体验成功的快乐，提升学习的自信，感受成长的乐趣。

三、教后反思

初中学生只用"角度制"来度量角的大小，高中学生既用"角度制"，又用"弧度制"，两者并用度量角的大小，这对学生的认知结构是一次重大调整。为了使这种调整发展顺利，编者在做好知识的"同化"和"顺应"上下功夫，使学生自然接受"弧度制"的同时，深刻理解"弧度制"与"角度制"的区别与联系，从"形"的角度（等分圆周）和"数"的角度（简化公式）体会弧度制优越性，实现了大观念教学。

1. 大观念促进学生感悟本质，提升直观想象素养

即使学生已经能够解三角函数的综合题，也不能说出 1 弧度角是如何定义的？更不可能知道度量角的单位制为何会多了弧度制？理想的数学课堂与现实生活脱节，以"已知事实"为支撑的概念理解才是真理解，才能形成对概念本质的深刻领悟。在数学课堂上学生最应该得到的应该是对于知识策略本质性理解，也是知识背后的知识（即大观念）。本节课没有直接给出 1 弧度的定义，而是关注概念生成过程，找到角度制和弧度制本原性问题都是在划分圆周，对数学史料再加工后，用作数学教学的材料，引导学生追寻欧拉的足迹，让学生站在欧拉的肩膀上，以等分圆周为切入口，先等分圆周，再取出其中一个扇形，已知扇形的半径为 r，弧长为 l，求出 $\dfrac{l}{r}$，求出弧所对的圆心角的大小，学生自主探究，会有各种等分圆周的情况，教师用希沃授课助手将学生探究的情况投屏，引导学生欣赏欧拉将圆周进行二等分、四等分。用 π 表示半圆所对的圆心角，$\dfrac{\pi}{2}$ 表示 $\dfrac{1}{4}$ 圆弧所对的圆心角，用 $\dfrac{l}{r}$ 这样的实数来度量角的大小，其余的角依次类推可以得到，以此将数学史深度融合到数学概念中，同学们在探究的过程中得到了不同的比值表示不同的角，建立了形与数的联系，利用几何图形描述问题，借助几何直观理解问题，增强运用几何直观和空间想象思考问题的意识，形成数学直观，在具体的情境中感悟事物的本质。

2. 大观念促进知识联结，提升数学抽象素养

一个新的概念不是突然出现的，而是不断探究知识的过程产物。大观念突破知识的琐碎、零散，促进知识横向联结的发生，形成知识网络。笔者引导学生利用已有知识，指明学习方向，通过学生和老师的互动，学生在情境中抽象出度量角的单位除了度以外可能还有另外一个度量单位，再从巴比伦人发明的角度制中，定义了 1° 的角，然后得到了以度为单位度量角的单位制——角度制，要研究新的度量角的单位制，必然和角度制会有关系，学生从以上知识迁

移的过程，抽象出要研究新的度量角的单位制要先定义单位角，再从1°角的定义中找到研究的载体是圆、研究方法是等分圆周，给学生开展弧度制的研究指明了方向。此过程提升了学生的数学抽象素养。学生在情境中积累具体到抽象的活动经验，大观念网状特性恰到好处地使数学学科素养在具体实践中落地生根，数学概念教学不再是个别概念的教学，也不再是"一个定义，三项注意"的记忆，而是通过学习概念过程中的各种探索活动，让数学核心素养提供了教师教的依据以及学生学的思路。

3. 大观念促进知识建构，优化概念教学过程

笔者在课前思考这节课希望学生学到什么、在学了很久之后还剩下什么？为此，教师在突破难点的过程中，通过几何画板演示1弧度角的形成动画，让学生自己动手操作画出1弧度的角和2弧度的角，经历观察、比较、分析、抽象、概括的思维旅程，学生在动手实践过程中实现数学素养的提升。笔者努力调动学生所有感官参与学习，安排观察动画、动手操作、动脑思考的实践活动，使学生通过自主探究活动获取理解概念所需的"事实"，增加"领悟"的时间，然后有所体验、有所心得、有所发现，最终形成概念。本节课，编者精心设问，设置了一系列大观念下的问题，引导学生暴露思维过程，引导学生找到解决问题的途径，给学生留出尽可能多的思维空间，"为什么可以用比值来度量角的大小？这个比值与所取的圆的半径大小有没有关系？"等。应特别注意，教师往往会受心目中解决方案的影响，有意无意在提问时将学生引向他熟悉的解决方向，教学过程成为教师展示的"假探究"过程，学生在教师的指导下"完善"教师的"假探究"。本节课，编者借助授课助手让学生展示自己的探究过程，帮助学生完善学生的探究过程，给学生的思维空间大了，对教师的要求也高了，出现意料之外的情况时，编者延时判断，静下心来，与学生一起按照学生遵循的探究原则对解题方案进行分析、评价。正是因为这种学生自发形成的探究、体验、发现以及大观念具有的中心性、可持久性、可迁移性，知识得以自我建构，思维品质由此提升。

4. 大观念促进学生获得心流体验，打开幸福之门

契克森特米海伊（Sikszent Mihaly）认为在某段时间里完全沉浸在某项活动当中，这种状态叫作"心流"。心流的结果使人快乐，"快乐能够使有机体得到激励，然后重复必要的行为来保持自我平衡的状态"，课堂上有六个领域能够促进心流体验，如表3-3。

表 3-3　课堂上促进心流体验的六个领域

教师	学生
目标明确	专注
反馈及时	兴趣
技能与挑战相平衡	享受

这一节课从教学目标明确、反馈及时、技能与挑战相平衡着眼，整个教学过程，基于生活情境，基于历史发展的过程，基于知识逻辑的生长点，基于数学思想方法，层层递进，螺旋上升。从学生专注、兴趣、享受着眼，通过让学生自己动手画出 1 弧度角，自主推导出弧度制下扇形面积和弧长公式，与角度制下的公式对比，极大地彰显了弧度制下公式的简洁美。回顾弧度制整个研究过程，有生活实例的引入、历史足迹的回顾、也有动态软件的演示、现场画图的直播，激发了学生学习兴趣，从而使得学生专注于本课探究活动，并享受其中。弧度制是数学史上不朽的创造，绝不是凭空出现，追寻弧度制的形成过程，学生定会弘扬数学家的奉献精神，传承科学家们的创新品质，打开幸福之门。

 思考与实践

1. 学生学习形式化概念的困难有哪些？

2. 影响概念形成的因素有哪些？设计一个用形成的方式引入数学概念的教学片段。

3. 怎么在概念教学中渗透数学史？设计一个用数学史引入概念教学的片段。

 拓展资源

1. 唐剑岚，概念多元表征的教学设计对概念学习的影响 [J]，数学教育学报，2010(2)：28－33.

2. 教学设计视频案例：弧度制（徐州市高级中学　许亚慧　指导教师：徐州市第一中学　丁永刚）。

第4章　数学命题教学设计与实施

当学了直线和平面垂直的概念"如果一条直线垂直于一个平面内的任何一条直线，则称这条直线和这个平面垂直，这直线称为平面的垂线，平面称为直线垂面"后，为什么还要学习直线和平面垂直的判断定理和性质定理？学生如何能理解和掌握下面这些相关的重要结论？

(1)平面外一条直线，如果和平面中的两条相交直线垂直，那么，这条直线就和这个平面垂直。

(2)已知一条直线和一个平面垂直，所有和这条直线平行的直线都和这个平面垂直。

(3)垂直于同一平面的两条直线平行。

如何才能运用这些结论，探索、发现、解决新的问题，培养学生的数学素养？

本章我们将在概念的基础上讨论命题的教学设计基本方法和教学实施策略。

4.1　数学命题教学概述

概念和命题是构成数学知识体系最基本的元素。数学概念一旦被提出，概念自身以及概念之间的关系就可以被进一步研究，而研究结果通常就是以数学命题的形式提出的。命题是数学知识的主体，包括数学中的定义、法则、定律、公式、性质、公理、定理等。命题由概念组成，概念用命题揭示；命题组成推理，推理又形成命题；证明需要命题做重要依据，命题又需要证明确认自身的真实性。因此，数学命题的教学，是数学教学的重要组成部分。

1. 数学命题的含义

表达判断真假的语句叫命题。但命题不等同于判断。

判断是对思维对象有所肯定或有所否定的思维形式，属于逻辑科学；由于判断是人的主观对客观事物的一种认识，所以判断有真有假，正确地反映了客观事物某种联系的判断，叫作真判断，否则是假判断。而命题是一种语句，属于语言学，用语言表达思维和逻辑，命题可以被看成判断的语言载体，是关于思维判断的一种语言表述。

数学判断是对事物的空间形式及其数量关系有所肯定或否定的思维形式；数学命题是表示数学判断的语句，这种语句还可以用符号的组合表达。比如，命题"两组对边互相平行的四边形是平行四边形"是一种文字陈述；命题"$x+y=8$"就是一种符号表述。

在数学教材中，大量的数学知识都可以概括为数学命题的形式，即"若 p 则 q"的形式，简记为"$p \rightarrow q$"。

2. 数学概念与命题的关系

数学是由概念、命题和命题的推理证明所组成，而数学中的命题与概念、推理证明又有着密切的联系。因此，数学命题的教学是数学教学的重要组成部分。

(1)命题与概念：命题是由概念组成的，命题是概念与概念的联合，它反映了概念之间的关系；而概念是由命题来揭示的，从本质上讲，概念的定义也是命题，它揭示了概念的本质属性。例如，菱形的定义"有一组邻边相等的平行四边形是菱形"，本身既是一个判断菱形的命题，同时它反映了两个概念平行四边形与菱形之间的包含关系。

(2)命题与推理：根据判断间的关系，从一个或几个已有的判断作出一个新的判断的思维过程叫作推理。其结构包括前提和结论两部分，所根据的已有判断叫作推理的前提，作出的新判断叫作推理的结论。在中学数学中，前提是已知的命题，结论是由推理作出的新命题。因此，命题是推理的要素，由推理又可获得命题。

(3)命题与证明：数学证明是应用已确定其真实性的数学命题来论证某一数学命题的思维过程。数学证明的过程往往表现为一系列的推理。数学证明习惯上分成已知、求证、证明三个部分来写。已知即给定的已确定其真实性的数学命题，以及证明结论所引用的公理、定理等命题，求证有待于证明具有真实性的命题，证明即从已知得出求证真实性的推理过程。所以，命题是证明的依据，而命题的真实性一般又需经证明而确认。

3. 数学命题的分类

分类是一种明确概念外延的方法，通过对数学命题进行分类，能够加深对命题概念的认识。

在中小学数学教学实践中，分类没有数学科学中那么严格，这些分类之间的区分不一定有非常严格的界限，对一些对象的分类仅仅是为了在做教学设计时明确命题的定位和价值。

从逻辑学角度，可以将命题分为真命题和假命题，表达判断的语句，如果判断为真叫真命题，判断为假就叫假命题，一个命题不是真的就是假的，不能又真又假。从成员构成的角度，数学命题包括公理、定理、法则、公式、公设、定义、定律、性质等。

按照运用数学命题时思维活动的复杂程度，又可以将命题区分为程序性数学命题和推理性数学命题。程序性命题包括公式、法则等，是用于解决一类问题的规则和程序，个体在程序性命题的应用中，只需将待解决的问题输入工作记忆，再与长时记忆中的命题联系起来，进行一种较简单的模式识别，然后按照规则和程序操作即可解决问题。推理性命题包括公理、定理等，需要个体进行模式识别、策略选择、激活扩散等一系列信息加工步骤，而且还要受到元认知的调控，往往伴随着"顿悟"的过程。

从定性和定量角度，可以将命题区分为便于接受和理解的定性类数学命题，以及便于操作和处理的定量类数学命题。定性类数学命题从数学命题质的方面刻画数学对象之间关系，定量类数学命题是从数学命题量的方面刻画数学对象之间关系。

如果按照算法的机械程度的大小，我们还可以将命题区分为演算类（算法类）数学命题和演绎类（思辨类）数学命题。算法在数学中占有重要的位置，计算数学的发展就是明证。尽管算法标志着人们对数学对象有了很高的认识，但这种认识是通过对运算结果的把握达到的，而至于为什么能达到这样的结果，用运算的观点无法洞察，需要另一种观察——思辨。算法和思辨的关系，类似于"数"（便于操作得到结果）和"形"（有利于过程的认识），比如向量代数（研究运算）与向量几何（研究图形）。

按照数学命题的组织方法来区分，数学命题可以按照组织水平来区分：低等组织水平类数学命题是通过对经验类的非数学材料运用观察、实验、分析、综合、比较、归纳、类比、概括和抽象等数学科学研究方法得出的，比如分步计数原理。中等组织水平类数学命题是由对数学材料运用观察、实验、比较、归纳、类比、分析、综合、概括、抽象等数学科学方法进一步加工整理得到的，比如等差数列的求和公式。高等组织水平类数学命题是通过数学材料的逻辑组织化而得到的数学命题，特点是引入了形式逻辑中的一些术语，并把它们作为研究的数学对象，以便揭示数学对象之间的关系，同时运用了演绎、归纳、类比、公理化等数学的科学方法。这种命题在高等数学中比较多见，比如迫敛性定理。

4. 数学命题教学的作用和地位

数学与其他学科的不同，除了研究对象外，最突出的就是数学对象的内部规律真实性，必须用逻辑推理的方式来证明。要以逻辑推理的方式来证明对象内部规律的真实性，首先必须要明确对象的概念，其次内部规律必须表现为一个数学命题的形式。一部数学理论是由一套概念、命题和命题的推理证明所组成的：命题由概念组成，概念用命题揭示；命题是组成推理的要素，很多命题也是经过推理获得的；命题是证明的重要依据，而命题的真实性也一般需要经过证明才能确认。

数学命题反映了数学科学的规律和方法，是传递交流数学科学的规律、方法和思想的重要载体。教师对数学命题整体的认识和理解程度、对具体数学命题的教学论分析和教学法分析都影响甚至决定了数学命题教学的水平。

要成为课程与教学内容的数学命题，必须经过两个步骤：①通过数学证明确认这个数学命题是真命题；②这个数学命题应该在数学科学中具有重要的基础性地位，且能够为中小学生所接受。

在中小学数学教学中，命题教学是最基本的课型。目的是使学生学会判断命题真伪，掌握推理论证方法，从中加深对数学思想方法的理解和运用，培养数学语言能力、逻辑思维能力、空间想象能力和运算能力，培养数学思维的特有品质。学生在学习数学的过程中，首先学习的是概念，其次是命题，在此基础上掌握、运用数学。

学生在学习命题时主要有两种形式，一是发现为主，二是接受。两种方式都需要经历三个层次的命题学习：①获得概念之间的关系，即发现命题；②理解命题中的语句所表达的复合观念的意义；③论证命题并掌握命题的应用。因此，命题学习是建立在充分理解的基础上的，属于有意义学习的范畴。

数学概念和数学命题是数学知识体系的基本要素，知识从来不是独立的，数学教学应该让学生在脑海中形成知识网络和体系，因此定理和公式的引申和拓展很重要，不仅可以拓展学生视野，加深对定理和公式的理解，还可以培养他们的联想与创造性思维能力。

数学命题的内容主要包括四个方面：

(1)内容：要让学生会用准确语言说出数学命题的内容(如勾股定理)。

(2)结构：能区分条件和结论，掌握它们之间的关系，并进一步分析该数学命题与其他有关概念和命题之间的关系(如全等三角形的判断)。

(3)证明：证明体现了命题与原有知识结构之间的逻辑联系，有助于加深对数学命题的理解和记忆，培养逻辑思维能力(如直线与平面垂直)。

(4)应用：通过例题和习题让学生领会定理和公式的适用范围。

4.2 数学命题的教学设计

命题教学与概念教学在过程上基本类似，它们都是在认识论的指导下进行教学，因此，有关概念教学的思想和方法，一般的原则也适用于命题教学。命题教学还有其相对独特的模式。

1. 常见的命题教学设计模式

根据命题教学的特点，命题教学设计通常有发生型、结果型和问题解决型三种类型。三种设计模式都包括引入命题、命题证明、命题应用和归入命题的体系(总结)，最大差异在于命题引入方式的教学设计。

(1)发生型模式

发生型的教学模式是基于布鲁纳(Bruner)、萨奇曼(Suchman)、兰本达(L. Brenda)的发现——探究学习理论以及情境认知学习理论。

发生型模式是引导学生去发现，继而引出命题的设计思路。这种模式可以分为以下五个阶段(图 4-1)。

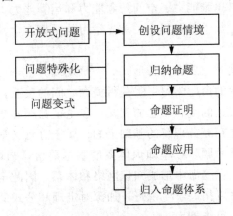

图 4-1 发生型的命题教学模式

阶段一的问题情境创设中，教师可以通过创设问题情境，引导学生对本节课要讲授的命题产生思考。最好是让学生独立的去发现一些结论和规律，可以让学生从具体案例出发，通过操作、实验、分析、推理发现一般结论。这种做法的优势是有利于激发学生的潜能，培养学生的内部学习动机，学会发现的技能。

　　问题情境的设置可以采用开放式问题铺设教学背景，也可以采用特殊化的问题直接引出命题应用，还可以将问题进行系列变式，逐步引导学生对命题的探究兴趣。

　　阶段二的归纳命题，可以让学生先归纳，教师再补充或严谨化。在问题情境中，教师可以引导学生通过观察或探索，完成略粗放的归纳：①提出假设；②探索发现；③验证假设；④得出结论。

　　对于发生型模式，要注意向学生提供系列实例、研究素材，让学生在一定情境下，通过观察、实验、操作、讨论和思考，探索规律，提出猜想和假设，然后引入数学命题，同时需要注意：

　　①例子的选取(符合命题条件，减少干扰，有趣味性，与现实关联)。

　　②实验与操作的设计(借用实物模型、教具、学具等手段)。

　　③提问的设计(要给学生指明发现方向，明确要达到的目标，有深度)。

　　④讨论的设计(分工、讨论内容规则都要有明确要求)。

　　⑤多媒体教学辅助的设计(可以让学生自行探索和模拟，也可以通过演示方式向学生说明知识发生的过程)。

　　(2)结果型模式

　　结果型模式相比发现型模式，应用的更广。这种模式的理论基础是奥苏伯尔的有意义学习理论和加涅的累积学习理论(图 4-2)。

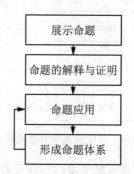

图 4-2　结果型命题教学模式

　　结果型模式需要避免向学生机械地讲述，让学生被动接受。在展示命题的阶段，教师需要引导学生积极参与到命题的理解中来，方式上可以设计一些学生发言、小组交流、教师的启发式问题等活动，目的是启发学生自发的对命题知识进行构建。

　　对于结果型模式，为了使学生更好地掌握所学的数学命题，必须在原有知识结构中找到有关的概念和命题，为此必须对旧知识进行复习，需要注意以下三点。

①针对性：要根据学生在命题接受学习过程中可能产生的疑惑和困难，有针对性地确定复习内容。

②趣味性：复习不能成为知识的简单重复，要尽可能使复习有新鲜感，努力创设情境，提高学生的学习兴趣。

③参与性：接受学习老师讲解居多，因此复习要强调学生参与，教师要启发学生完成复习，并给学生留有回忆和整理旧知识的时间。

（3）问题解决型模式

问题解决型模式的理论基础是杜威（Dewey）的实用主义教学思想和情境认知理论。

这种命题教学模式和前两种模式最大的差别是引入命题的部分（图 4-3），需要组织更多时间引导学生在教师设计的问题情境中，构建模型，引入命题。这对学生的学习能力要求较高，教师在问题情境设计和建模引导时需要参考学生水平。

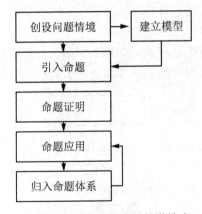

图 4-3　问题解决型命题教学模式

在阶段一中，教师在创设问题情境时，需要将命题还原为一个问题，这个问题可以是现实中的生活问题，也可以是学生的知识基础，即之前学过的数学命题。

在阶段二中，命题的引入可以从问题情境直接引入，也可以对问题进行数学建模，再引出数学命题。此外教师可以参考并渗透数学史。

对于数学命题如何提出，可以考虑以下五种方式。

①直接展示命题。

②由实际问题提出命题。

③通过观察实验提出命题。

④以问题探究的方式提出命题。

⑤以操作活动的方式提出命题。

从问题情境到引入命题阶段，需要经历猜想—论证—修正猜想—证明猜想等一系列心理行为，这是问题解决模式的核心思想，也是启发学生的直觉思维，提高合情推理能力，培养学生的创新意识的契机。

命题教学模式的后面三个阶段基本相同。阶段三的"命题证明"，重点是为了让学生理解命题证明的思路和方法，教师在这个过程中需要对证明思路、方法甚至解题技巧加以提炼和总结。

首先，分析证明思路时，要让学生先从记忆中提出有关的概念、定理、公式等，分清命题的条件和结论，继而探索命题证明的途径，提出假设，通过分析探索从条件到结论的思路。

其次，需要强调命题证明步骤的规范性。学生不仅要学会命题证明的逻辑表达，还要学会调整和完善推理证明的程序。有了证明思路只是有了证明的方向，具体的证明步骤才是检验思路是否正确的路径。强调规范性可以养成学生自发对证明步骤进行修正补充的严谨习惯。

最后，命题证明是一个很好的渗透数学思想方法的机会。分析思路、证明命题固然基础，但数学学习更重要的是掌握命题证明中的数学思想，比如反证法。教师在教学设计时要注意思考怎样渗透，并在课堂小结中向学生点明，这也是培养学生数学素养的机会。

阶段四的"命题应用"，是命题教学的教学目的。这一部分往往伴随例题和习题的设计(详见第 5 章)。

命题的应用，在教学设计中要注意命题的成立条件、适用范围、用法和变式等。

学生在初学定理和公式时，最容易犯的错误是忽略定理的成立条件和使用范围，因此教师在进行教学设计时，需要多花时间引导学生分清已知条件、结论和应用范围，并强化学生这种分辨能力，因为应用范围变化，也会导致命题不成立。

在命题的用法中，除了在例题中体现命题正向运用的基本类型，还要注意掌握命题的逆向运用、变形应用。

阶段五的"归入命题体系"，也可以理解为建立本节命题教学与其他知识点的引申和拓展。

2. 命题引入的教学设计

按照现代教育原理和心理学原则，在数学教学中，不宜由教师直接给出定理的现成内容，而是应该启发学生，通过实验、观察、演算、分析、类比、归纳、作图等步骤，自己探索规律，建立猜想，发现命题。引入是三种类型命题教学设计的最大区别，因此下面专门来讨论命题引入教学设计。

常用的命题引入教学设计：

(1)通过对具体事物观察和实验与实践活动，作出猜想

典型的例子是教三角形内角和定理时，可以让学生事先各自用硬纸做一个任意形状的三角形，把它的三个内角剪开后拼在一起，自己发现三个内角之和等于180°。

(2)通过推理直接发现结论

例如，"三角形任何两边的和大于第三边"，就是由公理"两点之间，线段最短"直接推出的。还有"直角三角形斜边上的中线等于斜边的一半"，由演绎推理直接推出。再如多边形的内角和定理就是由三角形的内角和定理通过推理而得出的。

(3)通过命题间的关系，由一个命题推导出它的逆命题

例如，教过线段垂直平分线的性质定理以后，在学判定定理时，可引导学生把已学过的性质定理作为原命题，让学生推导出它的逆命题，再加以证明。

3. 定理教学设计

(1)引导学生分清定理条件与结论

这既是弄清命题本身的要求，又是对命题进行证明的前提，也是应用命题来解决问题的需要。每个数学定理、公式都有相应的适用范围，都是在某些条件下或某个范围内成立的相对真理。例如，算术根的运算法则是以算术根存在为前提的；对数运算法则必须以各对数有意义为前提等。

一般地，前提是结论的充分条件，具有"若 p 则 q"的形式。但有一些定理的表述采取的是简化形式，容易使条件和结论变得不十分明显，学生开始时会感到难以掌握。例如，"圆的内接四边形的对角互补"，对于这类命题，可以先转换为"若 p 则 q"的形式，即"若两个角是圆的内接四边形的一组对角，则这两个角互补"。

(2)帮助学生掌握定理的证明

定理(公式)的证明是定理的重要组成部分，是定理教学的重点，许多定理的证明方法本身就是重要的数学方法，要注重对定理的证明探索过程、思维方

法的设计。通过分析证明的思路，将证明的推理过程从已知开始逐步展开，探索证明的途径，让学生掌握"从求证着想，从已知入手"的方法。要考虑如何让学生从记忆中提取有关的概念、定理、公式、证明经验，如何让学生提出关于各种可能的证明思路的假设，并选择最可能成功的假设。

此外，还注意设计探索与思考定理、公式的多种证法的途径，开拓学生的思路，加深对命题的理解。表述过程不仅让学生学会命题证明的逻辑表达，更重要的是进一步澄清思路，完善推理过程。教师要注意课前亲自书写一遍证明过程，避免上课出现书写错误；要预设好学生的错误并想好对策。有时学生掌握了思路，学会了证明，但是出现表达错误。这是因为证明思路仅仅是方向和途径，是有跳跃性的，简缩的思维当中可能隐藏着错误和遗漏。因此，定理证明的书写格式和要求、板书，也是证明设计的内容之一。

课堂教学中定理证明的书写对学生起着示范作用，要根据教学的不同阶段对学生的不同要求，在书写格式中予以明确，做到条理清楚、表达准确、严谨而不烦琐。在命题证明结束后，要帮助学生及时总结证明过程中所用到的数学思想方法，并通过后续的联系帮助学生掌握和巩固这些思想方法。

4. 定理的应用

学习定理、公式的主要目的在于应用。教学中，及时指出定理的应用价值和适用范围，对引起学生的有意注意，提高学习积极性、目的性以及运用知识的准确性都是十分必要的。例如，教余弦定理时，应向学生指出，它不仅在以后解三角形中广泛应用，而且在解有关测量问题、其他平面几何问题、解析几何问题时都要用到。

要精心设计选配习题，让学生进一步有目的、有计划地进行定理、公式应用的练习。在应用中学会分析、综合，学会将问题进行转化后应用定理的能力。

案例：直线与平面垂直的判定教学过程设计

一、直线与平面垂直定义的生成

1. 通过创设情境，对线面垂直的概念建立初步的认识和感知

①观看天安门广场五星红旗及其他相关图片。

②观察实例：学生将书打开直立于桌面，观察书脊与桌面的位置关系。

③提出思考问题：如何定义一条直线与一个平面垂直？

2. 观察归纳概念

①学生画图：观察旗杆与地面的位置关系，并画出相应的几何图形(图 4-4)。

②提出问题：**能否用一条直线垂直于一个平面内的直线，**来定义这条直线与这个平面垂直呢？（学生讨论并交流）

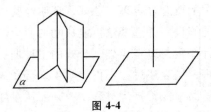

图 4-4

③动画演示：旗杆与它在地面上影子的位置变化，重点让学生体会直线与平面内不过垂足的直线也垂直。

④归纳直线与平面垂直的定义，并要求学生会用符号语言表示。

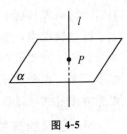

图 4-5

直线和平面垂直的定义：如果直线 l 与平面 α 内的任意一条直线都垂直，我们就说**直线 l 与平面 α 互相垂直**，记作 $l \perp \alpha$。直线 l 叫作**平面 α 的垂线**，平面 α 叫作**直线 l 的垂面**。直线与平面垂直时，它们唯一的公共点 P 叫作**垂足**(图 4-5)。

3. 深入理解概念

如果一条直线垂直于一个平面内的**无数**条直线，那么这条直线就与这个平面垂直。说法是否正确？

4. 定义辨析

①当直线 l 与平面 α 垂直时，直线 l 与平面 α 内任意一条直线 m 是怎样的位置关系？

②定义中体现了什么数学思想？

二、直线与平面垂直的判定定理的探究

1. 分析实例——猜想定理

问题①：在长方体 $ABCD$-$A_1B_1C_1D_1$ 中（图 4-6），棱 BB_1 与底面 $ABCD$ 垂直，观察 BB_1 与底面 $ABCD$ 内直线 AB，BC 有怎样的位置关系？由此你认为 $BB_1 \perp$ 底面 $ABCD$ 的条件是什么？

问题②：你能猜想出判断一条直线与一个平面垂直的一个方法吗？

提出猜想：**如果一条直线与一个平面内的两条相交直线**

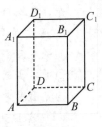

图 4-6

都垂直，则该直线与此平面垂直。

2. 动手实验——确认定理

折纸实验：过△ABC 的顶点 A 翻折纸片，得到折痕 AD，再将翻折后的纸片竖起放置在桌面上（BD、DC 与桌面接触），进行观察并思考（图 4-7）：

问题④：折痕 AD 与桌面垂直吗？如何翻折才能使折痕 AD 与桌面所在的平面垂直？

问题⑤：由折痕 AD⊥BC，翻折之后垂直关系发生变化吗？（即 AD⊥CD，AD⊥BD 还成立吗？）由此你能得到什么结论？学生折纸可能会出现"垂直"与"不垂直"两种情况，引导这两类学生进行交流，分析"不垂直"的原因，从而发现垂直的条件是折痕 AD 是 BC 边上的高，进而引导学生观察动态演示模拟试验，根据"两条相交直线确定一个平面"的事实和实验中的感知进行合情推理，归纳出线面垂直的判定定理，并要求学生画图，用符号语言表示。

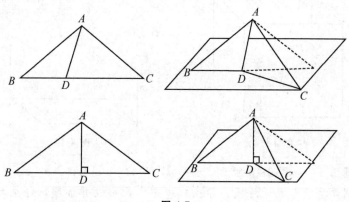

图 4-7

直线与平面垂直的判定定理：

如果一条直线和一个平面内的两条相交直线都垂直，那么该直线与此平面垂直。

图形语言表示如图 4-8。

符号语言表示：$\left.\begin{array}{l} l\perp a,\ l\perp b, \\ a\bigcap b=Q, \\ a\subset\alpha,\ b\subset\alpha, \end{array}\right\}\Rightarrow l\perp\alpha.$

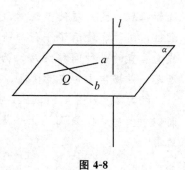

图 4-8

3. 通过质疑深入理解定理

问题⑥：若一条直线与平面内的两条平行直线都垂直，则该直线与此平面垂直吗？

由于两条平行直线也确定一个平面，这个问题是学生会问到的。可以引导学生通过操作模型（三角板）来确认，消除学生心中的疑惑，进一步明确线面垂直的判定定理中的"两条""相交"缺一不可。

在本环节中，借助学生最熟悉的长方体模型和生活中最简单的经验，引导学生分析，将"与平面内所有直线垂直"逐步转化为"与平面内两条相交直线垂直"，并以此为基础，进行合情推理，提出猜想，使学生的思维顺畅，为进一步的探究做准备。

三、直线与平面垂直的判定定理的初步应用

练习1：已知正方体 $ABCD$-$A_1B_1C_1D_1$（图4-9），判断：

(1)直线 AD 与哪些平面垂直？

(2)直线 CC_1 与哪些平面垂直？

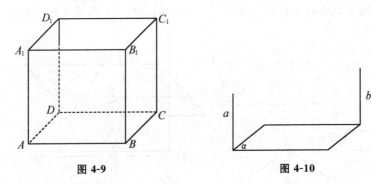

图 4-9   图 4-10

变式训练1：如图4-10所示，已知 $a//b$，$a \perp \alpha$，求证：$b \perp \alpha$。

考虑到学生处于初学阶段，学生可以先尝试去做并板演，师生共同评析，帮助学生明确运用定理时的具体步骤，培养学生严谨的逻辑推理。变式题使学生对线面垂直认识由感性上升到理性；同时，展示了平行与垂直之间的联系，给出判断线面垂直的一种间接方法，为今后多角度研究问题提供思路。根据学生的实际情况，本题可机动处理。

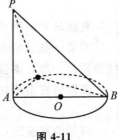

图 4-11

练习2：如图4-11，PA 垂直于圆 O 所在面，AB 是圆 O 的直径，C 是圆周上一点，那么图中有几个直角三角形？

5. 基本事实的教学设计

基本事实（公理）是数学证明的最初依据，公理化方法是重要的数学思想方法。初等几何是建立在少数的公理和少数的原始概念基础上的，中学数学命题教学必须重视公理的教学。

公理的真实性不是由逻辑证明，而是由人类长期的实践所证实的，因此，公理教学中没有证明，而是要让学生了解什么是公理，体会公理的意义和教材引入公理的必要性，理解和记忆公理的具体内容，能在推理和计算中熟练的应用公理。

公理的教学设计需要注意两点：中学数学中的公理基本大都出现在几何教材中，教师要清楚，教材采用的基本事实，实际上是扩大的欧氏公理体系，其中所列的公理既有多余也有不足，在独立性和完备性上都是不严格的。

鉴于公理的不证明特性，一般采用归纳法来教公理，即从日常生活或生产实践中所熟知的实际事例或让学生在实践操作的基础上归纳出公理。

举例来说，当教授公理"经过两点有且只有一条直线"时，可以从一点情况开始讨论，在硬纸板上用图钉固定一点，在图钉上系一条线，拉紧这条线绕图钉旋转，线所在的每个位置都可以画直线，由此画出无数多条直线；在硬纸板上再固定一个点，这样经过这两个点的线就不再动了。

6. 公式的教学设计

数学公式是用数学符号表达的反映事物之间数量上相等或不等关系的式子。作为一种特殊形式的命题，数学公式的教学既要符合命题教学的基本规律和要求，也要符合公式自身的特殊规律和要求。

(1)让学生全面理解公式的意义

字母：数学公式中的字母既可以表示数，又可以表示式(例如，完全平方和公式中，a 和 b 既可以是数也可以是式)。

关系：公式所表达的对象之间在数量上的相等或不等关系，这是公式的本质意义所在。

形：数学中的数形结合思想在公式中的应用，指的是公式的几何意义或从几何角度对公式做出解释(例如完全平方和公式可以从面积角度解释，均值不等式可以从圆的直径与垂直于该直径的弦的角度解释)。

(2)帮助学生牢固掌握公式的结构特征

牢固掌握公式的结构特征既是全面理解公式意义的必然结果，也是正确记忆公式的先决条件。

构成公式的数学符号有表示数量的符号，如数、字母、数和字母的组合等；表示数学运算的符号，如＋、－、×、÷；表示结合的符号，如()；表示性质的符号，如 sin、cos、tan 等。

公式的结构指公式的组成部分或要素相互结合而形成的架构。研究公式的结构特征，就是研究公式中的字母之间互相结合的方式，以及由此而形成的整个框架或构型。

(3)提高学生灵活应用公式解决问题的能力

掌握了公式的结构特征才能在解决问题的过程中敏锐察觉题目所涉及的公式类型，从而灵活应用公式解决问题。

一般来说，公式的应用包括正用(例如，用完全平方和公式推导两项差的完全平方公式)、反用和变形，例如用两项差的完全平方公式证明不等式 $a^2 + b^2 \geqslant 2ab$。

在中学数学教材中，一般只给出公式的"标准型"，为了克服标准型的负迁移作用，使学生能灵活应用公式解决问题，教学设计要注意公式的正用、逆用和变形，加强包括这些应用的变式练习。

(4)提醒学生注意公式中字母的取值范围

每个数学公式都是在某些条件或范围内成立的，超出这个条件或范围，公式可能不成立或不适用。

案例：三角函数的诱导公式教学过程设计

活动1：提出问题"如何利用三角函数定义求任意角三角函数"。

从具体问题入手，求 $\frac{5\pi}{6}$ 的正弦值。

让学生结合任意角三角函数定义自主探究并回答问题。

目的：培养学生运用特殊到一般的思考与研究问题的方法。

引导学生运用平面直角坐标系中角终边位置的关系来确定三角函数，找出问题的本质属性，发现问题(规律)，从而解决问题。

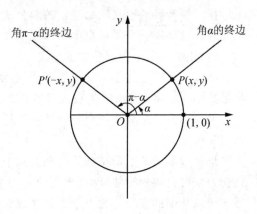

活动2：尝试推导出角 $\pi-\alpha$ 与角 α 的三角函数之间的关系。

教师引导：利用三角函数定义，得到 $\sin\frac{5\pi}{6}=\frac{1}{2}$，请大家回忆一下哪一个锐角的正弦值也等于 $\frac{1}{2}$？得到 $\sin\frac{5\pi}{6}=\frac{1}{2}=\sin\frac{\pi}{6}$，猜想 $\sin(\pi-\alpha)=\sin\alpha$ 成

立，并让学生利用定义验证。

通过交点的横、纵坐标关系，进而得到：

$$\sin(\pi-\alpha)=\sin\alpha,\qquad\qquad (公式一)$$
$$\cos(\pi-\alpha)=-\cos\alpha,\qquad\qquad (公式二)$$
$$\tan(\pi-\alpha)=-\tan\alpha。\qquad\qquad (公式三)$$

教师进一步启发，让学生思考：是如何获得公式三的？

学生活动：学生小组合作讨论，回答问题。

教师活动：师生共同总结，让学生将对称作为研究三角函数问题的一种方法使用。将上述研究过程进行梳理，得出"角的数量关系→终边及圆的对称关系→交点的坐标关系→三角函数值间关系"的研究路线图。

活动 3：学生自主探究推导 $\pi+\alpha$ 与 α，$-\alpha$ 与 α 的三角函数值之间的关系。

教师引导：利用单位圆，得到了终边关于 y 轴对称的角 $\pi-\alpha$ 与角的三角函数值之间的关系，常见的对称关系中还有什么情况？让学生回答。

教师进一步引导学生思考：

两个角的终边关于 x 轴对称，这两个角有怎样的数量关系？三角函数值之间呢？两个角的终边关于原点对称呢？让学生通过小组合作学习的方式探讨，分组汇报并论证思路。

教师引入新的问题，让学生探索与思考：上面的公式一到公式三都称为三角函数的诱导公式，它们有什么特征呢？

师生共同总结：$\alpha+k\cdot2\pi(k\in\mathbf{Z})$，$-\alpha$，$\pi\pm\alpha$ 的三角函数值，等于 α 的同名函数值，前面加上一个把 α 看成锐角时原三角函数值的符号。总结为一句话："函数名不变，符号看象限"。

活动 4：应用提升掌握数学公式（略）。

4.3　教学实施案例分析

案例：1.2.3 直线与平面垂直的判定

课题：《1.2.3 直线与平面垂直的判定》教学设计

授课教师：首都师范大学附属回龙观育新学校　石静

一、教学内容解析

1. 内容选自高中数学人教 B 版必修 2 第一章 1.2.3 空间中的垂直关系——直线与平面垂直（第一课时），概念新授课教学。

2. 教学内容的内涵是在直观认识和理解空间"点、线、面"的位置关系的基础上，抽象出空间直线与平面垂直的定义；通过直观感知、操作确认，归纳出直线与平面垂直的判定定理；能运用直线与平面垂直的定义和判定定理证明一些空间位置关系的简单命题。教学重点是通过直观感知、操作确认，归纳出直线与平面垂直的判定定理的过程。其核心是理解判断定理的条件。由内容所反映的数学思想是转化与化归思想，体现在不同语言之间进行转化，把线面垂直问题转化为线线垂直问题。

3. 本节课的内容包括直线与平面垂直的定义和判定定理两部分。直线与平面垂直的研究是直线与直线垂直研究的继续，也为平面与平面垂直的研究做了准备；线面垂直是在学生掌握了线在面内，线面平行之后紧接着研究的线面相交位置关系中的特例。在线面平行中，我们研究了定义、判定定理以及性质定理，为本节课提供了研究内容和研究方法上的示范。线面垂直是线线垂直的拓展，又是面面垂直的基础，后续内容如空间的角和距离等又都使用它来定义，在本章中起着承上启下的作用。判定定理的教学，尽管新课标在必修课程中不要求证明，但通过定理的折纸探索过程，也可以引出判定定理的证明方法，此处可以向学生简要介绍一下。

二、教学目标

1. 课标要求：

(1)借助长方体模型，在直观认识和理解空间点、线、面的位置关系的基础上，抽象出空间线、面关系的定义。

(2)以立体几何的某些定义、公理和定理为出发点，通过直观感知、操作确认、思辨论证，认识和理解空间中线面平行、垂直的有关性质和判定。

2. 根据课标要求、教材内容和学生情况，确定本节课的学习目标如下。

(1)借助生活中直线与平面垂直的实例，在直观认识和理解空间点、线、面的位置关系的基础上，能够抽象出直线与平面垂直的定义，提升数学抽象和直观想象素养；

(2)借助折叠三角形纸片，通过直观感知、操作确认，归纳出直线与平面垂直的判定定理，提升直观想象和逻辑推理素养；

(3)能运用直线与平面垂直的定义和判定定理证明一些空间位置关系的简单命题，提升逻辑推理素养。

三、学生学情分析

1. 学生已具备的认知基础

学生在初中学习的内容中，学生已经掌握了平面内证明线线垂直的方法，在高中也已经学习了直线与平面平行的判定定理和性质定理，对空间概念建立了一定的基础，同时也有了"通过观察、操作并抽象概括等活动获得数学结论"的体会，有了一定的几何直观能力、推理论证能力。

2. 学生面临的问题

在利用直线与平面垂直的定义直接判定直线和平面垂直的过程中，需要考察平面内的每一条直线与已知直线是否垂直，这在实际运用时是有困难的，如何引出定理，理解"平面化"的思想和"降维"的思想，会给学生造成一定困难。而且学生的能力发展正处于从形象思维向抽象思维转折阶段，但更注重形象思维，这方面的不足也会对本节课的学习有一定的影响。

四、教学重点和难点

教学重点：直线和平面垂直的概念，直线和平面垂直的判定定理和应用。

教学难点：直线与平面垂直的定义的生成，操作确认直线与平面垂直的判定定理。

五、教学策略分析

1. 教学材料的分析

在直线与平面垂直概念形成的过程中，构建"旗杆为什么与地面垂直？"的问题情境，通过图片实例、动画展示，在师生互动中，让学生认识到"旗杆与地面内的所有直线都垂直"之后，得出直线与平面垂直的定义。在探究判定定理的过程中，通过折叠三角形纸片，让学生通过具体操作进行验证。

2. 教学方法的分析

采用"启发—探究"的教学方法，以及"直观感知—操作确认"的认识过程组织教学活动。通过一系列的教学活动，引导学生进行主动的思考、探究、总结，帮助学生实现从具体到抽象、从特殊到一般的过渡，从而完成定义的建构和定理的发现，并且在充分理解判定定理的基础上能对其进行简单应用，能解决简单的直线与平面垂直的证明问题。

六、教学评析（金宝铮，北京师范大学第二附属中学数学组长，特级教师）

本节课主题是《直线与平面垂直》，总体来讲，无论是教学的设计还是教师的教态、语言等方面都是不错的一节课，以下几个地方是比较突出的：①注重知识形成的过程。石老师带着学生一点一点地从定义到性质再到判定，逐一地叙述清楚，这个设计非常符合现在课程标准的要求。对于学生来讲，教师应该让他们去学数学而不是学考试，尽管最终的评价需要通过考试来做，但是对于知识形成的过程还是应该重视，石老师对于重视教学过程做得比较突出；②特别注重几何直观。石老师开始以引导学生观察、思考生活中哪些地方有直线和平

73

面垂直的形象，无论是旗杆与地面的关系，还是教室里的一些线垂直一些面，通过观察去形成概念，从具体的模型抽象出概念，这个过程很有效地利用了几何直观；③注重三种语言(文字语言、符号语言、图形语言)的互相转化。文字语言已经在黑板上板书了。学生在真正实际使用的时候，并不完全是使用这个文字语言来进行论证，还需要有符号语言和图形语言这两种语言来辅助；④在教学过程中关注细节。例如对于直线和平面垂直如何来表示，特别是如何画出来的。有的老师是可能自己画一个图，不与学生说。但是石老师特别强调这条直线和那个表示平面的平行四边形的边垂直；⑤注重因材施教。线面垂直的判定定理是立体几何中间最难证的定理之一。现在初中学生平面几何的基础就很薄弱，所以到空间立体几何，这个证明还需要几次证明三角形的全等，根据本校学生的实际情况，石老师只讲证明的思路，而不具体证明，很符合实际学情。

不足之处：图形语言略薄弱(最后判定定理的图形语言)。有的地方对于图形语言可能还需要重点强调，如直线和平面垂直，这里就缺少图形语言的描述，再加一个图可能更好一点；有些地方应该给学生一个宏观的建议，例如讲课的时候，教师提出问题，如果直线垂直于平面内的一条直线行不行？接着教师让学生举个反例。如果改变顺序，教师在讨论问题之前，先指出：如果认为一个命题正确，需要给出严格证明，如果认为这个命题不正确，只需要举出一个反例即可。

 思考与实践

1. 数学教学中为什么要重视命题的教学？
2. 数学命题教学有哪些常用模式？
3. 用两种不同的方式设计数学定理的教学，并进行比较分析。
4. 设计一个数学中基本事实引入的教学片段。

 拓展资源

1. 教学设计文本案例：多项式除以单项式(深圳市高级中学初中部 向伟)。

2. 教学设计视频案例：多项式除以单项式(深圳市高级中学初中部 向伟)。

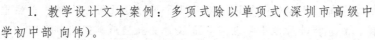

第 5 章　数学例题和习题的教学设计与实施

陈老师在讲二元一次方程的新授课时选取了鸡兔同笼的问题作为引入，经过课上的讲解和课下的练习，陈老师发现，学生在遇到相似问题的时候仍然首先尝试列一元一次方程解题，二元一次方程组的建立在学生们的认知中不是自然与之联系在一起的，这让陈老师感觉很困惑，"鸡"与"兔"的存在难道不是直接地想到设两个未知数来解决问题吗？

原来，关于类似鸡兔同笼的问题，有些学生在小学阶段就学习过如何用算术方法解决，而一元一次方程又在二元一次方程组之前学习，学生们对其更为熟悉，在解决问题的时候便自然选择更为熟练的方法，甚至学生在解决类似的问题时对是否有必要学习二元一次方程组产生怀疑。如果教师在引入或者例题和习题中选取使用二元一次方程组来解决问题有明显优势的题目，则会让学生在第一时间认同相关概念的学习，从而在练习中愿意有意识地运用新学习的知识和技能。

由此可见，例题和习题的选择、设计和呈现对数学教学起到至关重要的作用。

5.1　数学例题和习题的教学概述

数学学习的一个基本任务是学会解题，在解题的过程中理解数学概念、掌握数学思想方法，提升数学素养和能力。数学学习过程中，例题起到示范、引领作用，习题则可以达到巩固和提升的作用。明确例题和习题教学目的和意义，合理选配高质量的例题和习题，则是数学教师日常教学的最基本的工作。

1. 例题和习题的来源

（1）教材

教材是高质量例题和习题的基本来源。这里的教材不单指数学教科书，而是广义的教学材料，包括练习册、教学参考资料和网络资源等。

例题和习题的选配要充分发挥教科书作用。教科书编写者根据课时内容、章节内容精选、配备了相应的例题、习题，紧扣相应的数学概念、命题的教学，具有一定的层次性、典型性，从一般的层面考虑到了数学学习的需求。数学教师应该充分运用教科书资源，认真分析教科书中所配备的例题和习题，以此为基本参考，进行例题和习题教学设计。

教科书中的例题和习题并不是数学教师进行教学的唯一依据。优秀的教师从教学参考资料、优秀教学案例以及网络资源中甄选例题和习题。例题和习题的甄选需要在充分了解学情的基础上，认真分析研究教材编写的意图和特点，正确理解、把握教材的内容，针对任教学生实际情况出发，考虑例题和习题的难易程度，例题和习题的特点和呈现方式是否符合当下的教学理念等方面。

（2）集体教研活动

教师备课、教学及专业发展从单打独斗的模式变为团队合作模式。作为新教师，通常学校会安排一位经验比较丰富的师傅来指导年轻教师的教学。

在中小学阶段，数学教师的集体教研活动形式主要包括：集体备课、听评课以及校本教材和课程的研发。在集体备课的活动中，教师通常以年级、学校或学区为单位，同步教学进度、共享教学方案和资源、分享教学经验。教师在后续听课评课的过程中学习其他教师的长处，反思自己的不足，进一步完善个人的教学设计并对比、甄选例题和习题。此外，有些学校会组织学科教师针对本校学生特点研发相应的教学材料，包括校本练习册等，作为已有教材资源中例题和习题的延伸和补充。

（3）个人经验积累

教师的教学经验是一个滚雪球的过程。新手教师通常先经过学校的学习，掌握一定的学科知识和教学理论，接着到中小学中，在经验丰富的教师的指导下进行教学实践，从而领会教学技能。在正式走上工作岗位之后经历备课、讲课、听课、评课等过程不断地积累教学经验，再结合教学研究和进修，在不断学习中改进教学。

随着教学经验的积累，见过、做过、设计过的例题和习题将会成为知识储备。数学教师需要认真研究所在省市中考、高考试题以及模拟试题，但这并不是意味着相关数学内容的教学过程直接将考试题作为例题和习题进行讲练，而需要通过对这些试题的研究，紧密结合教学内容、教科书中的例题和习题，基于自己的经验，围绕教学目标、学生的实际情况和现有的教学条件，精心挑选设计例题和习题，规划各个例题和习题何时引入，如何展开，如何衔接，以达到更好的教学效果。

2. 例题和习题在数学教学中的作用

数学教学过程中，例题和习题的学习，不是为了解题而解题，更不是为了让学生通过解题掌握各种题型，以达到在考试中能够快速套题型的"应试"目的。例题和习题的教学，要以将发展学生的数学核心素养为导向，通过形成与巩固学生的基础知识基本技能，感悟数学思想，积累数学活动经验，提高学生的问题解决能力。其作用，具体体现在以下几个方面。

（1）加深对数学概念、命题理解

数学学习的内容具有较高的抽象性和严密的逻辑性，尤其体现在数学概念的表述上，用最简练和严谨的语言概括出数学知识的本质。学生学习数学感到困难的开端往往就是没有能正确理解数学概念、命题，此时教师通过讲解精心设计的例题和习题，让学生仔细辨析、反复感受、具体识别数学概念的特征和性质，数学命题的条件和结论，从而深化理解、运用相应概念、命题。

（2）达成知识点的串联和建构

数学知识的学习不是孤立的，以高中数学内容为例，主要分为四条主线，包括函数、几何与代数、概率与统计以及数学建模与探究活动，它们既相对独立，又相互联系。教师在教学时，应关注不同主线内容之间的逻辑关系，关注不同知识所蕴含的通法和数学思想，选择适当的例题和习题，帮助学生把所学知识重新梳理、建构，形成系统性的知识网络。

（3）基本技能训练

中学数学的学习主要经历认识概念，学习与之相关的命题，包括公理、定理、公式、法则等，最后将所学概念和命题运用于求解问题和推理证明。不少定理和公理中的条件略有改变结论就大不相同，学生应用时极易混淆，基本技能训练就是帮助学生熟练、灵活运用所学知识解决问题的过程。中学数学技能训练的主要内容包括：计算与运算、识图与画图、推理论证和语言表达，教师通过例题和习题的教学，将有共同属性的定理、公理变成一组，帮助学生辨别、记忆和理解命题的内容，熟悉命题的结构，包括命题成立的条件及其结论，充分领会命题的适用范围、基本规律和注意事项，使学生在计算与运算时能够使用正确的公式，并能将算式整合为满足公式成立的形式，在识图和画图时能够迅速读取图象中的有效信息，并能将代数语言与图形语言相互转换，在推理论证时能正确运用相关命题，做到逻辑缜密、步步有据，最后数学语言的表达贯穿技能训练的始终，教师在例题和习题的讲解时也应强调并规范学生的表达方式。

（4）数学思想方法的渗透

数学思想是指对数学知识的本质和数学规律的理性认识，是从某些数学内容和对数学认识的过程中提炼上升的数学观点，数学方法则是在提出问题、解决问题的过程中所采用的具体方式和手段。在数学学习中，例题和习题作为向学生渗透思想方法的载体，让学生通过解决具体问题学习数学方法，再通过教师对通性通法的提炼上升感悟数学思想，从而认识数学内容的本质。

(5)数学基本活动经验的积累

数学学习不应仅限于接受、记忆知识和模仿、训练解题技能，数学例题和习题的设计也应有利于学生自主探索、动手实践、合作交流和阅读自学等基本活动经验的积累。让学生经历发现问题、建立数学模型(了解问题背后的数学本质)、解决数学问题、解释实际问题的全过程，使其有感受数学知识从何而来、又能运用到何处去的机会，提高学生学习兴趣。

(6)提高问题解决的能力

问题解决能力是数学核心素养的综合体现，数学例题和习题的教学不能只局限于解决问题，要培养发现问题、提出问题、分析问题与解决问题能力，将这一过程，渗透到例题和习题教学的过程之中，培养学生创新意识。

5.2　数学例题和习题的教学设计

例题和习题的教学常常并不是构成一整节课的教学内容，而只是某一课时中的一个教学片段或环节，和概念、命题的教学整合在一起，组成完整的一个课时的教学任务。因此，例题和习题的教学设计，需要着重考虑以下几个方面的问题。

1. 根据课型确定例题和习题的教学功能

数学概念、原理命题比较抽象，例题和习题就成了学生理解概念、原理，领悟数学思想方法的具体途径，例题教学也就成为数学教学的基本形式。由于例题和习题教学常常是不同类型的课堂教学中一个组成部分，因此，具有相应的、不同的作用或侧重点。例如，在新授课中，例题和习题的教学侧重于帮助学生辨析、理解新学到的知识点，相应的题目选配应聚焦具体的概念和命题，教师在讲解时也应强调知识理解上的重点和难点；而在单元复习课上，例题和习题的教学则旨在帮助学生建构知识体系，选择例题和习题时应关注知识的综合体现，教师在讲解时也应突出该章节或单元中知识点的层次和关联。

2. 根据功能合理选配例题和习题

数学教材中的例题、习题是数学教科书的重要组成部分，更是例题和习题选配的最基本的重要资源。根据数学运用的不同层次：辨认识别、变式练习、解决简单问题、解决复杂问题等，教材编写者选配了比较典型的题目，具有基础性、典型性、层次性、发展性和系统性内部自成系统，相互联系，是满足学生掌握相关知识与技能最基本的资源。教科书中的例题具有示范引领、揭示方法、介绍新知、巩固新知、思维训练和文化育人等功能，具有普适性。

例题和习题紧扣新授的概念、命题，其目的是将所学的陈述性知识转换为程序性知识，发展基本技能，同时通过例题的学习，理解与掌握数学知识，掌握解题规范，提高解题能力。教学参考资料，习题集，中考、高考试题集也是例题和习题选配的重要补充。

3. 借助典型例题进行变式、拓展

根据典型例题，进行变式、拓展，是数学(解题)学习中常用的手段和方法。变式通常有两种形式：水平变式和垂直变式。水平变式是指学生能区分问题表面形式特征变化背后的结构特征变化，不带来认知负荷的变化。垂直变式是指学生不能区分问题表面形式特征变化背后的结构特征变化，带来认知负荷的变化。对典型例题变式通常是指围绕数学知识，变更例题形式或结构，可以分为 3 个层次：第一层次，平行变式：表面形式重复，学生认知负荷不变。第二层次，垂直变式：表面结构变化，学生认知负荷增加。第三层次，螺旋变式：围绕核心知识，复合平行变式和垂直变式，学生认知负荷加重。

4. 根据例题和习题特点设计教学活动

例题和习题的教学一般经历直接利用规则，通过平行变式和垂直变式达到自动化水平，通过螺旋变式构建新的产生式规则，形成一个产生式系统三个水平。例题和习题的教学设计不是给出解法，而是引导学生积极参加探索与思考，掌握解题方法。因此，一般情况下需要经历以下四个过程。

(1)弄清问题。对例题的信息进行理解，将外部信息转化为内部信息，要给学生一定的思考时间和空间，用多种方式表征问题的初始状态和目标状态，形成问题空间。

(2)分析问题。要引导学生对问题的条件、结论、相互关系、解题思路进行探索与分析，而不是直接将解题步骤和方法展示给学生。

(3)回顾反思。一道题解完后，需要回顾解题过程，反思解题过程，提炼解题步骤，总结解题方法，检验解题过程与方法的合理性和结果的准确性，探索多种解法，在总结和反思中提炼解题策略。

(4)变式学习。参见 3。

5. 规划例题和习题的呈现位置和次序

例题和习题的呈现位置和次序组织方式，也是教学设计中需要重点考虑的

环节之一。在完成对例题和习题的定位之后，教师需根据教学目标、学生能力水平以及教学内容特点等情况，有目的地将知识内容与例题和习题做有机结合。在传统授课模式中，教学通常以知识为主线，在概念、定理、性质等内容的整体认识后，引入一系列例题和习题，让学生在课堂的后半段通过集中解决题目加深对所学知识的理解；或采取讲练结合的方式，将例题和习题拆分为"小分子"，配合相应的知识内容，让学生在每一个知识点的学习后能够及时练习巩固；而在启发式教学理念的指导下，教师也可颠覆传统，以例题和习题作为主线，让学生在解决问题的过程中总结规律、发现知识。

例题和习题选取、设计和呈现方式得当会使数学课堂教学中的例题、课内练习以及课下作业充分发挥其作用，使学生能够通过解决具体的问题进一步理解与建构概念与知识点、熟练运用所学技能、领悟数学思想方法并积累相应的数学活动经验。例题和习题的设计有一些常用的技巧，如辅以案例。

（1）拓展

对某一个或一类习题进行深入挖掘和探究，运用发散的思维和类比的方法，扩大题目涉及的知识面，加深其内容层次，具体的方法包括但不限于：字母替换常数、增加变量的个数和次数、改变某些已知条件、改变所求内容以及一题多解。

例如，在讲解分式方程的第二课时中，教学目标是让学生了解分式方程根的不同情形，领会分式方程无解情况产生的原因，从而理解分式方程求解中验根这一步骤的必要性，并且教师选用了引导启发和交流讨论的教学方法，即以例题为主线的教学模式，通过让学生自主探究、求解设计好的一系列题目，达成对相应内容的学习。在这节课中，教师首先通过让学生求解例题：

①解方程：$\dfrac{1}{x-5}=\dfrac{x+1}{7}$。

来回顾第一课时中规范求解分式方程的一般步骤，学生可通过观察等式两边分母的特点，将其转化为整式方程进行求解。紧接着，教师将例①中等号右边分子的常数变成未知数，引入例题：

②解方程：$\dfrac{1}{x-5}=\dfrac{x+1}{x+9}$。

让学生发现去分母后的整式方程可能无解，那么相应的分式方程也无解。随后继续改变例题中等式右边的条件，使学生思考在整式方程有解的情况下，原来的分式方程是不是一定有解：

③解方程：$\dfrac{1}{x-5}=\dfrac{x+1}{x-10}$。

学生通过解答第三个例题发现，去分母后的整式方程的解可能使原分式方程的分母为零，从而无解。此时可以让学生针对例一的方程，在方程左侧和右侧的分子、分母中，选取一个位置进行改动，写出一些方程，并以小组为单位交换求解，再由教师总结归纳不同改动中根的情形。最后，教师使用字母替换常数的方法，引入最后一个例题：

④关于 x 的方程 $\dfrac{1}{x-5}=\dfrac{x+1}{x+m}$ 的根是正数，求 m 的取值范围。

引导学生进一步延伸对分式方程根的思考和讨论，让学生体会在分式方程的问题中，验根是必不可少的一步。从这个例子中可以看出，例题的选择、设计及引入的时机对整节课的教学起到了至关重要的作用，教师通过对一个题目的拓展，使用字母替换常数、增加变量个数、改变条件等方式对其进行变形，让例题之间既有自然的关联，又有本质的区别，并且通过让学生解题发现分式方程根的不同情况，从而完成一节课的教学任务。

（2）化归

化归指"转化"和"归结"。数学的例题和习题虽有万千变化，但条件和问题都是由基本的知识点组合而成。因此，设计例题和习题时也可利用化归的思想，通过一些练习帮助学生在看似庞杂的概念和命题中整理出头绪，化零为整，化繁为简，具体做法包括：①概念归类，即一道题中出现相似的概念，如指数函数和幂函数，考查学生对概念的理解，同时，厘清与相应概念有关的性质、图象以及命题；②定理归类，即将有内在联系的定理放在一道题或一系列题目中呈现，如直线与平面的位置关系定理，帮助学生辨析定理成立的条件，或通过列举的反例领会定理的内涵，从而掌握记忆定理的方法；③公式归类，如通过讨论方程中参数的值来确定曲线类型的题目，将圆、椭圆、双曲线、抛物线的标准方程的内容归纳总结，让学生发现通过改变参数的值，可以完成不同曲线之间的转化；④多题一解，如"求过原点且与圆 $x^2+y^2+4x+3=0$ 相切的直线方程"和"已知直线 $y=kx$ 与圆 $x^2+y^2+4x+3=0$，当它们相交、相切、相离时，求 k 的取值范围"，这两个问题涉及的知识点和所求的数学实质内容是一样的，只是表述方式上有所区别，教师在讲解时应注意总结此类题目，点明题目中条件和结论的数学本质，从而在一定程度上提升学生的学习效率。

（3）铺垫

在学习较难掌握的概念或者定理时，可以先设置较为容易的例题和习题作为铺垫，通过若干步骤，层层递进，从而破解难点。例如：

已知 $f(x)=\dfrac{bx+1}{(ax+1)^2}$，$\left(a\neq\dfrac{1}{2}a>0\right)$，且 $f(1)=\log_{16}2$，$f(-2)=1$，数列 $\{x_n\}$ 满足 $x_n=(1-f(1))(1-f(2))(1-f(3))\cdots(1-f(n))$，求数列 $\{x_n\}$ 的通项公式。从题目上看，这是一个从含参数的函数到数列通项公式的问题，其中涉及求解参数、获得函数表达式、根据数列与函数的关系猜想其通项公式并证明等步骤，这一思路对于基础较为薄弱的学生而言并非是自然的。因此，如果分步设问：①求函数 $f(x)$ 的表达式；②试求 x_1，x_2，x_3，x_4；(3)猜想数列 $\{x_n\}$ 的通项公式，并用数学归纳法证明，引导学生厘清解题思路，明确解题所用的数学思想方法，将会在一定程度上降低题目难度，从而攻克难点。教师需要注意的是，让学生解难题并不是教学的目的，这一类题目在课堂的讲解中起到的是示范性作用，其目的是帮助学生了解同类型题目中数学知识的本质，领会所涉及的数学思想方法，并最终能在类似的练习和适当的情况中灵活运用。

此外，"铺垫"的技巧除了设计例题帮助学生解决具体的题目之外，也可被用在整堂课的教学设计中，比如在完成某一部分内容的学习之后，教师紧接着提出包含所学内容但涉及更深层次知识的问题，激起学生探究下去的欲望，承上启下，为引出要学习的新知识作铺垫。

（4）串联

教师在教学中可以把例题和习题作为载体，通过将相关联的知识点串联在一起，以一道综合题或一系列例题和习题的形式呈现出来，将各节课所学的数学概念、性质、和命题加以梳理，使学生能够站在更高的地方综合理解相应内容，不再孤立地看待各个知识点，灵活运用不同的思想方法，从而取得好的教学效果。比较典型的题目就是将函数的概念、性质以及图象放到一起，让学生在一道题目中辨析函数的概念和性质，进行相关的运算，识别或绘制函数图象，并领会数形结合的思想和方法。

（5）留白

题目中的留白：在教学中适当引入有开放性答案的问题（比如探索规律、发现结论），让学生在解答问题时有自己的思考和判断，有利于培养学生的发散思维能力，并且教师也可以从不同学生的具体作答中了解他们思考问题的方式，理解其解题的思路和困难，从而调整自己的教学方案来更好地帮助学生学习。

讲解中的留白：多用于提升练习和一题多解中，教师讲题时适当留白，给学生自主思考的空间，鼓励并引导其从不同的角度思考问题，运用不同的方法解答问题。需要注意的是，留白是指对解题步骤或具体方法、操作的留白，最后仍需要教师提炼其中蕴含的数学思想。

事实上，对于同样的问题，不同的数学教科书也会有不同的呈现方式，例如在让学生探究多边形内角和公式时，人教版教材首先连接四边形的对角线，将其分割成了两个三角形，并完整证明了任意四边形的内角和为 $360°$，随后基于类比的思想给出了如下引导：

你能推导出五边形和六边形的内角和各是多少吗？

观察图 5-1，填空：

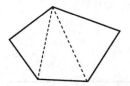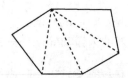

图 5-1

从五边形的一个顶点出发，可以作_____条对角线，它们将五边形分为_____个三角形，五边形的内角和等于 $180°×$_____。

从六边形的一个顶点出发，可以作_____条对角线，它们将六边形分为_____个三角形，六边形的内角和等于 $180°×$_____。

通过以上过程，你能发现多边形的内角和与边数的关系吗？

一般地，从 n 边形的一个顶点出发，可以作 $(n-3)$ 条对角线，它们将 n 边形分为 $(n-2)$ 个三角形，n 边形的内角和等于 $180°×(n-2)$。

同样的问题，北师大版教材以五边形的广场（图 5-2）为对象，对多边形内角和进行了探究。正文中让学生探究而做的引导也更加开放，关注探究中的同伴合作。

图 5-2 广场中心的边缘是一个五边形，你能设法求出它的五个内角和吗？与同伴交流。

图 5-2　广场中心

小明、小亮分别利用图 5-3、图 5-4 求出了五边形的五个内角和,你知道他们是怎样做的吗?你还有其他的方法吗?

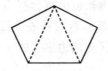 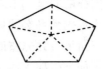

图 5-3   图 5-4

按照图 5-3 的方法,六边形能分成多少个三角形? n 边形呢?你能确定 n 边形的内角和吗?(n 是大于或等于 3 的自然数)

按照图 5-4 的方法再试一试。

定理:n 边形的内角和等于 $(n-2) \times 180°$。

5.3 数学例题和习题的教学实施

在充分认识了例题和习题在数学教学中的作用以及如何设计、呈现之后,本节将介绍例题和习题教学实施当中,教师需要思考的问题和注意的事项。

1. 是否与信息技术结合

许多新手教师喜欢通过课件进行教学,特别是涉及几何方面内容的例题和习题时,用 PPT、动态数学软件、投影等信息技术辅助教学会使图形的呈现和变换更加直观,同时节省板书题目和画图的时间。不过,也有教师认为虽然这种形式能快速向学生传递大量内容,但对于一部分学生来说却可能产生跟不上教学进度和导致注意力涣散的问题。事实上,在教师板书题目、绘制图形的时间里,学生可以在笔记本上与教师同步进行相关的学习活动,并且在誊抄题目的过程中领悟问题的条件,思索涉及的数学知识,为分析问题、解答问题做好准备。因此,例题和习题的教学设计是否与信息技术结合、如何结合,与教师的教学理念、教师对教学内容的理解、学生的年龄层次和认知水平等因素是分不开的,教师应在充分了解学情的基础上,结合自己认同的教学方式,选择适当的技术手段来辅助例题和习题的教学。

2. 如何组织课堂

例题和习题的教学在课堂中不仅仅是教师出题、学生做题的过程,灵活的组织形式,多样的教学活动仍然是组织例题和习题课堂教学的宗旨。

首先,根据不同的课型,例题和习题的选择与课堂的组织形式应有所差异。例如，在讲授新课时，要尽可能挑选典型的例题，何为典型？即，通过这堂课，最希望学生能够掌握的内容。其次，例题和习题的教学要注意以学生为中心，适当设计师生互动和小组合作等环节，调动学生学习的积极性，避免出现从知识点的讲授到运用的转换中教师教学进度与学生思维活动脱节的情况。

例如，在如下的教学设计中，教师用两道典型的例题和两个相关的练习，配合以丰富的师生活动，完成了一节课的教学。

案例：a，b，c 与抛物线 $y = ax^2 + bx + c$①

一、教学目标

1. 探究给定图象特征下二次函数 $y = ax^2 + bx + c (a \neq 0)$ 的系数 a，b，c 所满足的数量关系，体会数形结合、归纳的思想；

2. 在给出图象的条件下，学会观察和分析，进而得到二次函数各系数 a，b，c 所满足的数量关系，培养识图的能力；

3. 根据所给 a，b，c 的数量关系确定二次函数的图象。

二、重点和难点

1. 重点：理解 a，b，c 对二次函数图象的作用。

2. 难点：根据 a，b，c 所满足的数量关系判断二次函数图象特征。

三、教学过程

教学内容	师生活动	设计意图
活动一　【复习引入】 已知抛物线 $y = ax^2 + bx + c$，求它的对称轴方程和顶点坐标。	上节课我们已经学习了利用配方法求二次函数 $y = ax^2 + bx + c$ 的对称轴方程和顶点坐标，请同学们回忆一下。	复习上节课所学的内容，为下面要探究的问题进行铺垫。
活动二　从形到数 例1.(1)认真观察二次函数 $y = ax^2 + bx + c$ 的图象，看看你能判断 a，b，c 的正负吗？ (2)若图中点 $A(-3, 0)$，对称轴为 $x = -1$，请用">""<"或"="填空：	教师带领学生一起审题，并将题目信息标记在图上。并问：你能从图中看到哪些信息？进而能够知道什么？ （学生回答，教师板书记录；回答可以无序，如果学生答得不全，可以给提示。） ①看到开口向下，可知 $a < 0$。 ②看到对称轴在 y 轴左侧，	从形到数，根据题目所给图象，学会观察哪些特征，进而得到二次函数各系数 a，b，c 所满足的数量关系，培养识图的能力。

---

① 本案例由北京市第四中学柏干提供。

续表

教学内容	师生活动	设计意图
①b^2-4ac ＿＿＿ 0； ②$2a-b$ ＿＿＿ 0； ③$a+b+c$ ＿＿＿ 0， 　$a-b+c$ ＿＿＿ 0， 　$4a+2b+c$ ＿＿＿ 0； ④$a-bm(am+b)(m\neq-1)$。	则$-\dfrac{b}{2a}<0$，∴$ab>0$。 进而得到"左同右异"的规律。 还可以根据对称轴方程：$x=-1$，知道$-\dfrac{b}{2a}=-1$，∴$b=2a$。 ③看到抛物线与 y 轴交于正半轴上，∴$c>0$。 ④看到抛物线与 x 轴有 2 个交点，∴$b^2-4ac>0$。 ⑤看到一些特殊点，比如 当 $x=1$ 时，$y=a+b+c=0$； 当 $x=-1$ 时，$y=a-b+c>0$； 当 $x=2$ 时，$y=4a+2b+c<0$； …… ⑥看到顶点在 x 轴上方， ∴$y_{\max}>0$，∴$\dfrac{4ac-b^2}{4a}>0$。 虽然对此题无用，但在有的题目中会给出 $y_{\max}>1$， ∴$\dfrac{4ac-b^2}{4a}>1$。	帮助学生梳理观察图象应从以下几个方面入手：开口，对称轴，与坐标轴的交点，特殊点，最值点。
小结：考察 a，b，c 与抛物线 $y=ax^2+bx+c$ 的关系一般从图象的哪些方面出发进行研究？	还可以想顶点是最大值点，因此 $a-b+c>am^2+bm+c(m\neq-1)$，∴$a-b>m(am+b)(m\neq-1)$。	
活动三　从数到形 例 2. 根据系数 a，b，c 的信息，画出二次函数 $y=ax^2+bx+c$ 的图象。 (1)$a>0$，$b<0$，$c>0$。 (2)$2a-b=0$，$a+b+c<0$，$c<0$，$b^2-4ac>0$。	师生一起先根据所给 a，b，c 分析所求抛物线的开口、对称轴方程，与坐标轴的交点，顶点、特殊点等方面，然后确定图象应该如何画。 画图后，展示、讨论为何要分类。	从数到形，培养学生数学互译的能力，进一步从：抛物线的开口，对称轴方程，与坐标轴的交点，顶点、特殊点等方面强化。考察 a，b，c 与抛物线之间的关系，涉及分类画图，也是因为以上要素中某些是不确定的，所以要分类。

续表

教学内容	师生活动	设计意图
【练习】 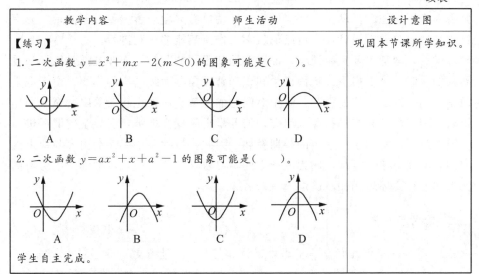		巩固本节课所学知识。

从上面的教学设计里可以看出，该堂课的教学目的是让学生能够从二次函数的图象中获取其表达式中参数的特征信息，也能根据二次函数的表达式画出函数图象，着重培养的是学生识图、画图的能力，需要渗透的是数形结合和相互转换的思想。因此，课堂中用的两个例题就是按照教学目标的两个方面来选择的，一个是根据图象，分析、推理出二次函数表达式中参数满足的数量关系，另一个是给出二次函数表达式的信息，让学生分析其特征并作图。在本堂课的实施中，教师特别强调师生共同参与教学活动的过程，在教案中也有所体现，如"教师带领学生一起审题""学生回答，教师板书记录""师生一起根据所给信息进行分析"等。在随后的练习题中，教师所选的两道题是对本节课所学内容的巩固，第一题所给条件相对单一明确，而第二题涉及对参数的分类讨论，在难度上有一定的梯度，但是以选择题的形式出现降低了整体难度，使得学生在刚学习完相关知识后有自主完成题目的条件。

此外，充分利用课堂生成是例题和习题的教学中必不可少的一环。课堂教学的精彩之处在于学生参与中不断地生成，如学生在课上针对一道题目提出不同的解法、学生在解决问题时遇到了不在预设中的困难等。教师要根据这些学生的想法和问题及时补充或调整教学内容，如在学生有对题目的不同理解时，教师可以根据学生对题目的解读对例题进行变式，在点出学生解题思路出现的问题之后，进一步拓展、延伸题目涉及的知识内容，使一道例题的教学发挥其最大的作用。如果课堂生成不充分，那么教师应及时在课后反思总结，回顾学生是否积极参与了教学活动？学生为什么没有参与进来？哪些环节出了问题？是否因为不能理解活动要求、对题目和活动没有兴趣或者题目过于简单？并有针对性地改善教学设计，在后续的教学工作使其能够顺利进行。

最后，教师也要重视课上、课后例题和习题的联动。作业是课堂教学的重要延伸，起到承上启下，巩固已学知识和督促预习后续内容的作用。由于课上教学时间和组织形式的限制，学生对问题的思考和讨论也相对受限，充分利用课后时间对所学内容进行深入研究，培养学生的探究精神，引导学生课后进行探究性学习，有利于为学生的长期发展。因此，教师要重视课后内容与课上内容的联动和衔接，重视不同程度学生的学习需求，使例题和习题和课后练习的选择和设计要环环相扣，层层递进。

 思考与实践

1. 结合一节例题教学设计课，谈谈如何帮助学生理解知识、提升技能。

2. 结合一节习题教学设计课，谈谈如何运用数学思想方法积累数学活动经验。

3. 例题和习题在新授课、复习课、讲评课以及习题课中的意义分别是什么？

4. 针对一节课，设计一组习题，谈谈如何让不同水平的学生都有所收获。

 拓展资源

1. 教学设计文本案例：分式方程(中国人民大学附属中学付文凯)。

2. 教学设计视频案例：变量间的相关关系(北京市第四中学 柏干)。

第6章　数学复习课的教学设计与实施

陈老师在教学实践中发现复习课上学生的情绪和兴趣总是不如新授课高涨，私下里向学生了解情况后得知部分学生觉得复习课只是知识的重复学习，有些自认为学习程度较好的学生在复习课上没有了"新鲜感"的刺激，总是难以集中精力，有些在新授课的学习中感到吃力的学生反映复习课上的题目仍然让他们觉得吃力。陈老师总结了一下学生们的需求，发现复习课的教学设计不比新授课更容易，不仅要让学生们意识到复习课在数学学习中存在的意义，也要有"新鲜感"，更要使不同能力的学生在同一节复习课中各有收获。这一章的内容将会呈现复习课的意义、基本结构流程以及实施案例的分析，帮助解决陈老师遇到的问题。

6.1　数学复习课教学设计的内涵与思想

"学而时习之，不亦乐乎。"是中国自古就有的教学理念。而根据德国心理学家艾宾浩斯(Ebbinghaus)的遗忘曲线来看，人们在经历学习后，输入的信息便成了人的短时记忆，如果没有复习的过程，将会被很快遗忘，如果进行及时的复习和不断的巩固，这些信息就会变成长时记忆被保留下来。因此，复习总结是中小学课堂教学中重要的教学形式之一，在一个阶段的学习之后，教师需要帮助学生进行阶段性的复习总结，将前一阶段所学知识系统化，使其形成一个更加完整的知识体系，加强知识之间的联系，加深对数学思想方法的理解，巩固并熟练掌握相应的基本技能。

复习课教学设计的指导思想是帮助学生将所学知识构建成为一个完整的有机体，使知识系统化、技能类化，在总结提炼数学思想方法的同时，提高学生思维水平，并通过一定活动经验的积累，培养综合运用知识分析问题和解决问题的能力，在温故的同时知新，提升学生的数学素养。

特别需要注意的是，复习课不完全等价于习题课。习题的讲解和练习主要是数学知识的运用、技能的巩固、常用解题方法训练等。复习课的宗旨是完善学生的知识体系，所以在教学中应关注、侧重让学生建构知识系统，完成知识的内化过程。简言之，习题的讲解与训练是复习所学内容的形式之一，复习课是比习题课更上位的概念，两者显然是不同的。

复习课的教学设计要注意以学生为主体。复习是学生回忆所学内容、整理知识框架、提炼思想方法、反思学习行为、查漏补缺的动态过程，而非教师将整理好的知识结构和技巧方法直接呈现给学生，让学生阅读静态的"结果"。此外，有研究显示，在复习课的教学中，教师往往会花大量的时间精讲例题、习题和提炼解题规律，留给学生自主思考、练习和交流的时间很少，不少学生在课下遇到题目时仍然感到力不从心。因此，教师应给予学生足够的自主空间，培养学生对数学学习的主观能动性，明确复习的目的，传授复习的方法，跟进复习的进度，鼓励学生反思交流，发现问题及时反馈，从而辅助学生回顾知识内容、完善知识体系、提高复习效率。

复习课的教学设计一般包括两个主要部分：知识概念的梳理深化和解题技能的训练，两者可以穿插进行，也可以分步进行。教师需要注意的是针对不同的内容主题，有时也要采取不同的教学手段或辅以多媒体技术来帮助学生达到深化知识理解的目的。例如，有研究表明，直观的视觉化模拟有助于加深学生对随机现象的体会、提升学生学习概率的兴趣、加深学生对不同概率模型特点的理解，因此，教师可根据实际情况选择适当的手段辅助教学。而对于复习课中例题和习题则要根据教学目的、学生的水平并紧扣知识点的梳理深化来设计，切忌带领学生将课上时间投入到盲目的技能训练中，把复习课上成习题课和讲评课。

6.2 数学复习课教学设计的结构与流程

在明确了复习课的内涵和指导思想之后，鉴于其所要达到的目的，复习课的教学设计可以多种思路，这里介绍两种常用的方式，即根据复习内容和侧重点设计复习课和根据学习进度设计复习课。

1. 根据复习内容和侧重点设计复习课

复习课的教学设计可以根据复习的内容和侧重点，从知识、数学思想方法、难点与易错点以及数学活动经验四个方面展开。

（1）知识的系统化和本质化

学生在学习、内化知识的时候往往欠缺对知识的结构化和整体性的把握，因此需要教师围绕这一重点让学生了解复习目标与学习要求，帮助学生整理知识点，构建相应的复习框架，引领学生回顾复习，自主总结，构建完善的知识体系。例如：三角函数的复习课涉及众多概念、公式和性质，那么复习三角函数时，教师应让学生知晓重点的知识点有哪些？应掌握哪些基本技能和思想方法？可以搭建怎样的复习框架？这些内容将分布在几节课来完成？

　　例如："三角函数单元复习"。

- 第一课时　三角函数的相关概念
- 第二课时　三角变换与求值
- 第三课时　三角函数的图象和性质(1)
- 第四课时　三角函数的图象和性质(2)

　　教师根据教学进度和学生的实际情况确定复习课的核心内容，可以设计相应的内容知识框架或者结构图，帮助学生理解知识点是如何展开的，将框架和结构图(图 6-1)看作复习的线索，让学生明白复习的目标，学会自主复习总结并按图索骥完成知识的系统化过程。

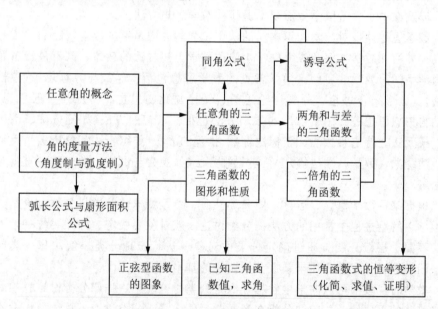

图 6-1　框架和结构图

　　对于相似和相关的知识点和概念，学生极易混淆产生困惑，而对于不同的知识点，学生容易形成碎片化的印象，这两者都会造成对知识理解的困难。因此，教师需要帮助学生分析知识之间的关系，理解知识的本质，呈现相关知识的连贯性，辨析不同知识的关联性，化零为整，从而达到温故知新、融会贯通的教学效果。例如，在总复习时，教师可以帮助学生从更综合的角度回顾代数表达式，通过抛出具体的问题，如一元二次方程、一元二次函数、一元二次不等式、抛物线标准方程之间的区别与联系是什么？让学生自主探索总结，小组交流合作，再由教师提炼归纳从而达到构建知识体系、深化知识理解的目的。

通过复习课的学习，学生能够了解知识点之间的关系，清楚知识点在整体学习内容中的地位，对于知识点的脉络可以做到由面到点的总结归纳，也可以做到由点到面的具体展开。教师帮助学生从更高的层面，更加综合的视角看待学习内容，解决"不识庐山真面目，只缘身在此山中"的办法就是站在比庐山更高的地方，才能看到其全貌。

（2）数学思想与解决实际问题方法的类化

数学思想与解题方法的复习不宜采取题海战术，教师应巧用例题和习题，通过精心设计的题目和解题过程，引导学生领会蕴含在其中的数学思想和方法。在此之前，每位数学教师都需要搞清楚什么是数学思想，什么是数学方法，以及在中小学阶段学生需要掌握哪些数学思想方法。

数学思想体现对数学知识本质的认识，数学方法是解决数学问题的手段和工具。复习课教学让解题成为向学生渗透数学思想方法的载体，而不是让解题成为学生学习数学的目的。中学常见的数学思想包括：函数与方程思想（建模思想）、数形结合思想、分类讨论思想、转换与化归思想、特殊与一般思想、归纳与猜想思想等。中学常见的数学方法包括：求解的方法（如配方法、消去法、换元法、待定系数法、坐标法等）、推理的方法（如综合法和分析法、反证法、演绎法、数学归纳法等）、科学思维方法（如观察与试错、类比法、直觉与顿悟等）。

根据某些数学概念、运算、图象的性质、参数特殊值等进行分类讨论是数学教学、解题过程中常用的方法。分类讨论一般对象要确定、标准要统一，不重、不漏、层级分明。通过确定分类的对象→进行合理分类→解决每一类问题→归纳综合并合理表述来掌握分类讨论的基本方法。

教学时，教师可以向学生解释什么是分类讨论思想，强调分类讨论思想对思维培养的重要性，并归纳分析在解题时为什么需要分类讨论，总结使用分类讨论解题的原则和步骤，设计例题和习题对不同类型的分类进行有针对性的训练，强化学生对相应情况的理解。例题涉及知识点较为广泛，不拘泥于某一章具体的内容，如因数学概念引起分类的情况：

解不等式：$\left|\log_{\frac{1}{3}}x\right| + \left|\log_{\frac{1}{3}}(3-x)\right| \leqslant 1$。

按函数的性质和图象进行分类的情况涉及圆锥曲线和二次函数的相关内容，因此根据实际情况进行分类讨论时设计了排列组合的题目：

有卡片 9 张，将 0，1，2，…，8 九个数字分别写在每张卡片上，先从中任取 3 张排成三位数，若 6 可以当 9 用，问可以组成多少个不同的三位数。

整个教学过程主旨明确，逻辑严密，特别是例题的设计与思想方法的总结和归纳形成了一个自洽的整体。由于是复习课，在引入例题时教师可根据学生的能力配合或明快或细致的课堂节奏，加深学生对相应思想方法的理解，并在课后练习中匹配类似的题目进行强化训练或拓展延伸。

此外，在复习巩固需要学生掌握的数学方法时，教师可根据学习内容的重点和难点设置专题进行针对性讲解和训练，总结题目特点，分析解题思路，在这个过程中，既要帮助学生归纳解题一般策略，又要注意对特殊的方法总结和训练，如解析几何中最值问题的教学设计（即常见的某一类问题的训练）或利用参数求轨迹的教学设计（即解题方法的训练）。这一类型的复习课，教师对例题和习题、课后巩固练习的选取对复习效果而言十分重要。

教师在讲解"特殊"的方法时，常常会提到的"选择题解法技巧"，如特例法、排除法、代入法、观察法、图解法等，上述"技巧"都有两面性，当学生学会揣摩出题人意图、思考"他要考我什么"时，也就意味着学生能够脱离题目本身，站在更高的层面思考所学知识——至少需要了解在题目涉及的内容中有哪些知识是重要的，易与其他知识混淆的，可与其他知识关联的，是值得考的？不过，当习惯或太过执着于猜命题人的思路，而忽略对知识本身的关注，是违背学习初衷的。当学生掌握了一些解答某种题型的"小技巧"时，可以使得解题更轻松、更快，在考试中可以节约时间。但通往"解题"的"捷径"走多了，学生会"误解"学习的最终目的，忽略对知识和技能的掌握，因此在复盘、讲解试卷时，教师应回归题目和知识本身，无需过度强调技巧。

（3）理解并解决学生的疑难点和易错点

在构建知识框架、梳理知识点，并通过习题巩固知识、进行一定的技能训练之后，复习课的教学还可以帮助学生进行反思，查漏补缺，重点解决学生学习中的疑难和易错点。需要注意的是，这里的"解决"不是"解决数学题目"的意思，而是解决学生无法理解知识本质、在解题过程中无法灵活运用知识技能的困难。为了解决学生在学习中遇到的困难，教师应尝试理解学生无法掌握知识点和技能的原因，在给出"什么是对的"的同时也要解释"为什么错了"，纠正学生错误的惯性思维，帮助学生认识知识的本质。

在设计教学的时候，教师常常会根据经验和习惯对教学内容的重点和难点做一个大致的预判，如在椭圆及其标准方程的教学中，有些教师会把难点预设为"椭圆标准方程的建立和推导"，事实上椭圆标准方程的推导确实是这一节课的主要内容，这里突出的是"教"的重点和难点，而由于缺少细节上的预设，并没有明确学生"学"的难点，所以教师在设计教学时应多以学生的视角思考"学"的过程。特别是在复习课中，经过第一轮的教学和总结，教师对学生学习的情况和遇到的问题应该有了一定的了解，在设计教学时需要着重解决这些问题，如当学生无法正确建立和推导椭圆方程时，是否是因为没有正确理解椭圆标准状态的两层含义，在化简方程时，学生是否注意到了两次平方时的等价性等问题。

（4）设计必要的学习活动，让学生在互帮互助中复习总结

复习课上的主要教学活动不应是教师自己对所教知识的回顾和总结，而是学生积极对所学内容进行回忆和再现。因此以学生为主体和中心的教学在复习课上仍然很重要，教师可通过提供复习总结的线索和框架，让学生在课上或课后自主梳理知识点，逐步完善知识系统，再通过对例题和习题的讲解或小组学习等方式引导学生互相帮助，共同解决问题并完成学习任务，让学习能力强的学生有所提高的同时，也兼顾到略显吃力的学生，才能使不同层次的学生有不同的收获。在学生活动结束后，教师再进行整体性或有针对性的总结，进一步强化知识体系的建构和思想方法的渗透。

2. 根据学习进度设计复习课

复习课的教学设计也可针对刚刚学过的某一具体章节进行回顾，抑或设置一个专题，将不同阶段学习的相关联的内容串联起来复习，此外，也是师生们最关心的，针对考试准备的考前总复习。所以复习课的教学设计也可以根据学生学习的进度和教学安排分为章节复习、专题复习和考前复习。

（1）章节复习

在完成一节或者一章的学习之后，趁着学生对本章节的内容还有较为深刻的印象，教师可及时展开对相关知识的回顾和复习，帮助学生巩固知识点，加深对数学思想方法的理解，引入提升性的技能训练，增加学生对相关数学活动经验的积累。

那么，对同一章节而言，新授课和复习课有什么区别？复习课绝不是对旧知识的简单重复，而是学生认识的继续深化和提高。关于同一章节或主题内容的新授课与复习课的区别概括如表 6-1 所示。

表 6-1　复习课与新授课的区别

课型	课时	教学模式	知识点	技能训练	思想方法	活动经验
新授课	4~5	解释展开	辨析	简单应用	渗透	客观知识接受
复习课	1~2	归纳总结	串联	综合拓展	强调运用	问题解决

复习课的讲解节奏比新授课快，由于不是第一次接触相应的知识内容，教师只需对重点、要点进行归纳总结性的教学，对基本概念、基本规律、基本要点、基本原理等进行梳理，帮助学生进行理解，同时，也要对原则规则、方法步骤等进行概括，帮助学生记忆。其中，对知识内容的总结和梳理要明确其在整个知识体系中的作用和地位及与其他知识、章节之间的关系，在辨析清楚核心概念的基础上，教师需要引导学生完成知识的串联，有些知识靠一次的学习不容易完全理解，在复习中是对它的再次学习，但再次学习并不是简单的重复，而是在原有的基础上进一步挖掘，教师可以深入挖掘、拓展教材中的内容，以加深学生对相应知识的掌握和理解。此外，复习课中少不了对技能的训练，与新授课的"直接应用概念或公式解题"不同，复习课中的技能训练则侧重问题解决，需要学生综合运用所学概念、定理、公式、思想方法解决或探究问题，从而达到让学生提高基本技能和渗透、强化数学思想方法的目的。

案例：特殊的平行四边形

新授课：共五课时，矩形两课时，菱形两课时，正方形一课时

矩形第二课时

一、教学目标

1. 理解并掌握矩形的判定方法。

2. 使学生能应用矩形定义、判定等知识，解决简单的证明题和计算题，培养学生的推理和分析能力。

二、重点和难点

1. 重点：矩形判定定理的理解。

2. 难点：矩形判定定理及性质的综合运用。

三、教学过程

【课堂引入环节】

概念回顾：什么叫作平行四边形？什么叫作矩形？矩形有哪些性质？

提出问题：

1. 矩形所具有的性质中，有哪些是平行四边形所没有的？列表进行比较。

2. 矩形是特殊的平行四边形，那么，怎么判定一个平行四边形是矩形呢？

3. 回顾一下学习平行四边形时，先学习了性质进而学习判定，那么大家想想矩形的性质，猜测一下怎么来判断一个四边形是矩形。

【新课讲授环节】(略)

【例题和习题环节】

例1：下列各句判定矩形的说法是否正确？为什么？

(1)对角线相等的四边形是矩形。

(2)对角线互相平分且相等的四边形是矩形。

(3)有一个角是直角的四边形是矩形。

(4)四个角都是直角的四边形是矩形。

(5)四个角都相等的四边形是矩形。

(6)对角线相等且有一个角是直角的四边形是矩形。

(7)对角线相等且互相垂直的四边形是矩形。

例2：教科书中的练习

【小结环节】(略)

复习课：共一课时
特殊的平行四边形：矩形、菱形、正方形

一、教学目标

1. 进一步掌握矩形、菱形、正方形的相关性质和判别方法，会灵活运用它们的性质进行证明和计算，注意培养数形结合能力。

2. 通过复习旧知识理解掌握新的内容，即数学问题的分析方法、规律及数学思想方法。

3. 明确复习的方法，引导学生完成对所学知识反思和归纳，运用复习的知识解决问题，一题多解，一题多变。

二、重点和难点

重点：帮助学生梳理矩形、菱形、正方形的概念、性质、判定定理及它们之间的关系，能够解决证明、求值和探索性问题。

难点：特殊四边形知识的综合运用。

三、教学过程

复习指导：帮助学生总结特殊四边形的一些特殊规律和添加相应辅助线的方法，将所求结论转化在特殊四边形和三角形中思考，注意寻找图形中隐含的相等边和角。

环节	复习内容	师生活动预设
基础知识梳理 教师按顺序将复习内容以问题的形式呈现给学生，学生思考并回答，教师对一些值	**1. 矩形的概念、性质及判定** 注意：矩形的定义可作为性质和判定，矩形具备平行四边形的性质，是中心对称、轴对称图形。 证法：(1)先证平行四边形，再证一个角	教师提出问题，学生进行回顾、思考并回答。

续表

环节	复习内容	师生活动预设
得"注意"的地方重点强调，方法的总结要通过对例子的分析引导学生获得，不要直接抛出结果，把机会留给学生。	是直角；(2)先证平行四边形，再证对角线相等。 【配套练习为1~4题】 **2. 菱形的概念、性质及判定** 注意：菱形的定义可作为性质和判定，菱形具备平行四边形的性质，是中心对称、轴对称图形。 证法：(1)先证平行四边形，再证一组邻边相等或者对角线互相垂直；(2)证明一个四边形的四条边相等。 面积：底×高， 　　　两条对角线乘积的一半 【配套练习为5~7题】 **3. 正方形的概念、性质及判定** 注意：正方形的定义可作为性质和判定，正方形具备平行四边形、矩形、菱形的性质，是中心对称、轴对称图形，有四条对称轴，对称中心是对角线的交点。 证法：先判定是平行四边形，再判定是矩形或菱形，最后证明是正方形。 【配套练习为8~9题】 **4. 特殊四边形的综合运用** 【配套练习为9题及变形1~2题】	教师归纳总结、注意师生、生生互动，调动学生积极思考，尽量有学生回答，教师注意方法渗透。 教师通过学生表现给予评价。
例题分析总结 共9题，穿插在知识点复习中进行。	1. 用长为3、宽为1的4个相同的矩形，拼成一个大的矩形，这个大的矩形的周长可以是_____。 (2~9题略)	教师给学生思考问题的时间，学生思考后把分析思路表达出来。 教师注意问题中对知识点、关键点、分析问题的切入点、不同方法的异同点、解题方法规律、辅助线作用的总结。
小结（略）		

97

由上述的案例可以看出对同一内容的教学设计，新授课和复习课教学设计的思路存在很大差异。在内容主题的安排上，新授课细化内容主题，在一节课里只突出一个内容的解释和展开，在上述案例中矩形的判定定理在新授课时需要一个完整的课时来完成；而复习课将相关联的内容串联在一起，一节课中涉及多个知识内容，教师帮助学生回顾、总结知识点，在上述案例中特殊的平行四边形包括矩形、菱形和正方形的复习放在一节课中完成。在例题和习题的选择上，新授课的例题和习题更多的是概念的辨析和理解，而复习课的例题和习题偏重问题解决，目的是让学生将所学知识点融会贯通，并能够综合运用相应的技能和数学思想方法进行探索和解决问题。

（2）专题复习

除了以章节作为学习的节点，也可以针对某些知识点、某些思想方法、某些数学技能以及基本经验设置专题进行复习和回顾。专题复习旨在根据学情，加深学生对薄弱知识点的理解和记忆，强调思想方法的灵活调用，并熟练掌握解题技能。

专题复习可涵盖不同阶段所学的多个知识点，如何做到对前后知识进行系统化地概括，选择例题和习题时有效地串联，渗透方法时简明扼要，总结技能时不僵化是教师需要思考的问题。在网络上，与专题复习有关的教学设计资源很丰富，新手教师参考时应根据自己的教学能力、学生的学习情况以及教学所要达到的目的进行甄别和选择，特别是以数学技能为内容核心的专题复习，新手教师容易把复习的重点放在例题和习题的讲解上，而忽略对相应技能的总结和类化，把复习课上成习题课。下文中的案例片段是三角函数及其恒等变形的技能训练复习课，教学设计中把三角综合运算的技能概括为4类，教师可以在课上带领学生先进行技能类型的梳理，再辅以配套的例题和习题，让学生在做题时体会技能的应用，教师分析讲解时再次强化帮助学生记忆、理解相应的技能。

案例：三角变换

一、教学目标

1. 加深对三角函数公式及其之间关系的理解，建立完善的数学认知结构。

2. 对三角函数及其恒等式变形的综合运用，提升数学运算素养。

3. 渗透等价转化思想，培养学生的逻辑推理数学素养，提高分析与解决问题的能力。

二、重点和难点

重点：三角函数公式之间的关系的理解与综合运用。

难点：综合运用三角公式解决问题。

三、教学过程

【基础知识与基本技能梳理与提升】

引导学生分析三角公式，和学生共同总结审题、解题时关注点：

1."看角、变角"（注意角的和、差、倍、半、互余、互补关系）。

2."看名、变名"（注意弦、切、割的互化，逐步化异为同，使等式左右统一）。

3."看次、变次"（当问题中次数不同时，变形需要注意运用降幂、升幂或因式分解，达到变次目的）。

4."看形、变形"（三角变换经常引起结构形式的变化，当形式结构差异较大时，巧用"1"引入辅助角、借助单位圆为变形的突破口）。

【例题讲解环节】（略）

【小结环节】（略）

（3）考前复习

如果说章节复习是阶段性回顾，专题复习是针对具体内容的靶向回顾，那么考前复习（包括期中考试、期末考试、中考、高考）则是真正的系统性回顾。在考前复习中首先要有全局观，教师需要充分了解考试信息，如考试大纲的内容、要求和近阶段的变化动向。其次，考前复习要重视基础，教师需要明确考试的目的不单纯是让学生做对题目，而是测量学生对基础知识、思想方法和技能的掌握。因此，考前复习需要回归基础，帮助学生落实对书上概念、定义、定理的梳理和理解，回顾典型问题的分析思路和方法。

此外，在考前复习中，教师需要设计教学，引导学生进行规范的训练。数学的学习需要学生通过一定的练习积累实践经验，才能灵活运用所学知识、思想方法和技能解决问题。然而，盲目练习可能会起到事倍功半的效果，因此，指导学生检查、反思、总结自己的薄弱点，使其在复习训练中能够做到有的放矢，提高效率。

最后，在考前复习中，教师需要辅助学生做好复习规划。在教学中对知识点的内容、联系、体量等各个方面做好梳理，让学生明确知识点的系统纲要、主次关系以及内容体量，方便学生根据自身能力做好适合自己的复习计划，培养自主复习的意识和良好的学习习惯。

6.3　数学复习课的教学实施

在实际教学中，以知识内容为主线的复习课往往由知识内容梳理和配套练习巩固两部分组成，学生经过复习课的学习达到了解知识脉络、理解知识本质、再现知识形成过程的目标。然而，在回顾已学知识时，教师易陷入以教师讲解为主、以个别学生问答为辅的复习模式中，忽略学生个体差异，也无法唤起学生自主学习的积极性，不利于培养学生独立思考、复习总结的学习习惯。本节案例选择以复习知识内容为主线的教学设计，采用以学生为中心的教学模式，由教师引导，让学生经历独立思考、交流合作、总结汇报、点评反思的学习过程，最终完成知识框架的构建和完善。

案例：基于团体促进法合作学习方式的直线与方程复习课①

一、教学背景分析

（一）教学内容

直线与方程这节课是人教 A 版《普通高中课程标准实验教科书数学》必修 2第三章《直线与方程》的复习课。本节课是在学生初中学习了平面直角坐标系及一次函数图象及性质后，更进一步的学习内容。本章是高中阶段，学生第一次进行解析几何模块的学习，具有很好的承上启下的作用，学好本课，可以为之后进一步学习圆和圆锥曲线打下很好的基础。

本节课学习任务的分解如表 6-2。

表 6-2　学习任务

任务 1	通过识别辨认、回忆提取等认知活动，完成对直线的倾斜角、斜率、直线方程、直线平行和垂直充要条件、点到直线的距离公式等概念定理的复习
任务 2	通过解释说明、举例、分类、比较等认知活动，加深对上述知识要素的理解
任务 3	形成本章内容的知识框架结构，并且在活动纸上绘制知识框架图

本章知识要素的分解如表 6-3。

表 6-3　知识要素

要素	知识目标分类				认知过程分类				
	事实	概念	程序	元认知	识别	提取	解释	举例	比较
倾斜角	√				√	√	√		
斜率	√				√	√	√	√	
直线的方程		√			√	√		√	√

①　本案例由北京教育科学院康杰指导，并由北京市朝阳外国语学校刘嘉设计、制作、实施。

要素	知识目标分类				认知过程分类				
	事实	概念	程序	元认知	识别	提取	解释	举例	比较
求直线方程时对方程的选择				✓					✓
待定系数法		✓						✓	✓
平行的充要条件	✓				✓	✓		✓	
垂直的充要条件	✓				✓	✓		✓	
平行的判定			✓				✓		
垂直的判定			✓				✓		
点到直线的距离	✓						✓		✓
平行线间距离	✓						✓		✓
求点关于直线对称点		✓			✓		✓	✓	

(二)学生情况

学生所处学段为高二年级第二学期,高中数学学习的基本方法已经掌握。

(1)从知识储备上看:学生已经学习了本章的内容,但是很长时间没有复习。可能会发生一些遗忘。因此我做了一个前测,表 6-4 是题目和相关数据。

表 6-4 前测题目和相关数据

前测题目	涉及知识要素	分类	认知	正答率
1. 过 (x_1,y_1) 和 (x_2,y_2) 点的直线方程是?	两点式方程直线五种方程的选择	事实性—要素 元认知—策略	回忆提取 应用	67%
2. 直线 $y=2x-1$ 到直线 $4x-2y+1=0$ 的距离是?	平行线间距离公式	概念性—原理	回忆提取	82%
3. 直线 $y=\sqrt{3}x+2$ 的倾斜角是?	斜率的概念 斜截式	事实性—术语 概念性—关系	回忆提取 识别辨析	100%
4. 直线 $x-y+1=0$ 和直线 $y=-x$ 的位置关系是?	直线垂直的判定	程序性—方法	回忆提取 比较	82%

通过数据可以发现,尽管本章知识相对来说难度不大,但是由于长时间没

有复习，学生不能达到 100% 的正答率，说明进行本课复习课是必要的。

（2）从课堂教学方式适应情况看，学生自上高中以来，以小组为单位的合作式学习已经历了两年，学生在教师的组织、指导下，对自主探究，合作交流式学习已经适应。学生在学习过程中，已经形成固定的合作小组。这些，都能保证课时计划内容的顺利完成。

（三）教学方式

本节课采用合作式教学。具体使用团体促进法。这种模式主要是由教师选取一个特定的论题，并让学生分组，让各组学生自由地从主论题中找出一子论题，并展开研究。经过一段时间的各自研究，再聚在一起，将各自所学知识传达给其他各组同学，最终达到全班同学均能对此特定主题有深入的了解。通过学生自主探究、小组合作交流、师生对话交流等方式，让他们自己亲历参与、回忆提取的全过程，自主建构知识网络。

（1）课前准备工作。

①为便于管理，采取异质分组，每组 $5\sim6$ 人，安排小组长。组内要求有分工，有合作，有交流，并推选交流发言代表。

②印发"学生活动纸"单，使每名学生明确学习任务，同时便于交流。

（2）课堂复习过程。

①教师选取特定论题，各组学生选取子论题。

②本节课主要有四个子论题，一是直线的倾斜角与斜率；二是直线的方程；三是两条直线的位置关系；四是点到直线的距离。这部分采用各小组内合作探究，然后聚在一起，将各组所学的知识传达给其他各组同学，最终全班同学完成对直线与方程的复习，完成知识网络图。

在复习过程中，学生和组内其他同学进行探讨和辩论，通过不同观点的交锋来补充、修正或加深自己对当前问题的理解，从而完善自己的研究成果。

教师巡视、指导、参与探究，适时引导学生仔细观察、大胆猜想、严谨证明。

（3）课堂组间交流过程。

①小组汇报。

小组内推选汇报交流发言代表，其他同学自由补充。

②组间质疑。

小组汇报后，对不同意见或不清楚的地方提出质疑。

③师生点评。

对汇报展示与质疑的同学进行点评，及时对其进行鼓励、表扬，保持学生学习热情。通过交流，学习他人的研究成果，充实自己。

二、教学目标

1. 通过识别辨认。回忆提取等认知活动，完成对直线的倾斜角、斜率、直线方程、直线平行和垂直充要条件、点到直线的距离公式等概念、定理的复习。

2. 通过解释说明、举例、分类、比较等认知活动，加深对上述知识要素的理解。

3. 形成本章内容的知识框架结构，并且在活动纸上绘制知识框架图。

三、重点和难点

【教学重点】复习本章相关概念原理，程序方法；形成知识框架图。

【教学难点】认知本章各要素间的联系与区别。

四、教学流程示意图

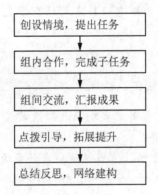

五、教学过程

(一)创设情境，提出任务

教师提出任务：本章共 4 小节，分别是直线的倾斜角与斜率；直线的方程；两条直线的位置关系；点到直线的距离公式。请各小组选定一节，完成学生活动纸上相应的任务。各组成员先独立思考，然后组内交流意见，合作解决认知冲突，互相补充完善知识体系。

(二)合作交流，完成复习任务

任务 1：复习直线的倾斜角与斜率

1.1　下列哪些标记角是直线的倾斜角(图 6-2)？

1.2　说出直线倾斜角和斜率的概念，写出过两点直线的斜率。

1.3　说出直线倾斜角、斜率、直线倾斜程度三者的关系。

1.4　举例说明这种关系的用途。

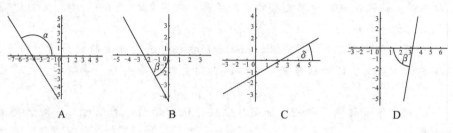

图 6-2

学生可能的结果及引导：

1.1 引导学生对直线倾斜角进行识别与辨认，为后面回忆提取相关概念做好铺垫。

预设 1：A，C

1.2 对倾斜角、斜率的概念、斜率的计算公式等事实性、概念性知识进行回忆提取。

预设：倾斜角是直线向上的方向与 x 轴正方向夹角，其取值范围为 $[0,180°)$；斜率是倾斜角的正切值，$k = \tan \alpha = \dfrac{y_2 - y_1}{x_2 - x_1}$。

1.3 倾斜角和斜率都是描述直线倾斜程度的量，通过引导学生澄清三者的关系，加深对概念的理解。

预设：倾斜角越接近直角，直线越陡峭，斜率的绝对值越大。

1.4 引导学生通过举例，加深对概念的理解。

预设 1：可以通过直线的陡峭程度判断斜率的大小关系，如图 6-3。

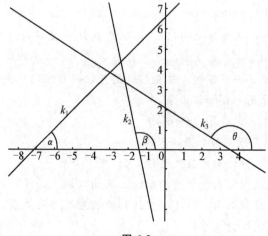

图 6-3

预设 2：可以根据直线的变化范围，求解一些分式型函数的值域，如图 6-4。

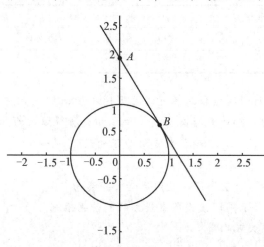

图 6-4

设计意图：通过以上四个小活动：识别辨认，回忆提取，解释澄清，举例说明，学生完成了对直线的倾斜角和斜率相关概念的复习，为接下来复习直线的方程做好铺垫。

任务 2：直线方程的复习

2.1　配对，连线。

A. $y=2x-1$ 点斜式

B. $y-x+1=0$ 斜截式

C. $y-2=3(x+1)$ 两点式

D. $\dfrac{x}{2}+\dfrac{3}{2}=y$ 截距式

E. $\dfrac{y-1}{3-1}=x$ 一般式

2.2　写出直线方程的 5 种形式，并说明特点和局限性(表 6-5)。

表 6-5　直线方程的 5 种形式

方程	表达式	表示什么直线	不能表示什么直线
点斜式		过$(x_0,\ y_0)$，斜率为 k	
斜截式		斜率为 k，纵截距为 b	
截距式		横截距为 a，纵截距为 b	

方程	表达式	表示什么直线	不能表示什么直线
两点式		过(x_1, y_1), (x_2, y_2)的直线	
一般式			

2.3　说出下列问题适合选择直线的哪种方程解决。

①直线过点$(1, 2)$，且与圆 $x^2 + y^2 = 9$ 相交所得弦长为 2。

②直线过点$(2, 3)$，且横截距是纵截距的两倍。

③直线过点$(2, 3)$和点$(-1, 5)$。

④直线与 $y = 2x + 3$ 平行，且到后者的距离为 2。

2.4　结合以上示例，谈谈各直线方程的使用准则。

学生可能的结果及引导：

2.1　引导学生对直线的五种方程进行识别辨认。

预设：A. 斜截式；B. 一般式；C. 点斜式；D. 截距式；E. 两点式。

2.2　引导学生回忆提取直线的五种方程、特点及局限性。

预设：点斜式：$y - y_0 = k(x - x_0)$，不能表示倾斜角为直角的直线。

点斜式：$y = kx + b$，不能表示倾斜角为直角的直线。

截距式：$\dfrac{x}{a} + \dfrac{y}{b} = 1$，不能表示倾斜角为直角和零角的直线，也不能表示过原点的直线。

两点式：$\dfrac{y - y_1}{y_2 - y_1} = \dfrac{x - x_1}{x_2 - x_1}$，不能表示倾斜角为直角和零角的直线。

一般式：$Ax + By + C = 0$，A，B 不同时为 0，可以表示所有直线，但是有三个待定系数。

2.3　引导学生判定每个直线方程的使用情形，在遇到问题时，能准确选择合适的直线方程。

预设：①适合点斜式，但要讨论斜率是否存在。②点斜式或截距式，截距式需要讨论直线过原点的特殊情况。

2.4　结合2.3的示例，引导学生总结各直线方程的使用准则。

预设：知两点求直线方程选两点式，知一点选点斜式，知斜率选斜截式，知横、纵截距选截距式；与斜率有关的方程，需要讨论斜率的存在性；一般式多用于代入点到直线距离公式等时候，少用于待定系数法求直线方程。

设计意图：经过识别辨认和回忆提取后，应该对概念定量进行理解了。通过选择合适的方程解决问题，最终概括出各方程的使用准则和要点，完成对概念定理，程序方法的进一步理解。通过以上四个活动，对直线的方程进行了辨认、识别、回忆提取、举例、分类、概括、比较等认知活动，完成对知识要素的记忆与理解。

任务 3：平行和垂直的复习

3.1　从斜率的角度说明两直线垂直或平行的充要条件。

3.2　从法向量的角度说明两直线平行或垂直的充要条件。

3.3　直线 l_1：$A_1x+B_1y+C_1=0$；l_2：$A_2x+B_2y+C_2=0$，下列哪个是 $l_1/\!/l_2$ 的充要条件_____，哪个是 $l_1\perp l_2$ 的充要条件_____。

A. $A_1B_2=A_2B_1$　　　　B. $A_1A_2+B_1B_2=0$　　　C. $\dfrac{A_1}{A_2}=\dfrac{B_1}{B_2}\neq\dfrac{C_1}{C_2}$

D. $A_1B_2=A_2B_1$ 且（$A_1C_2\neq A_2C_1$ 或 $B_1C_2\neq B_2C_1$）

学生可能的结果及引导：

3.1~3.2　引导学生回忆提取垂直或平行判定的充要条件。

预设：两直线平行的充要条件是：它们的斜率相等且纵截距不相等；或者斜率同时不存在，且横截距不相等；两直线垂直的充要条件是：它们的斜率乘积为 -1，或者一条直线斜率不存在，另一条直线斜率为 0；两直线平行，它们的法向量共线，且这两直线不重合；两直线垂直，它们的法向量垂直。

3.3　引导学生对垂直或平行的充要条件进行识别辨认，通过识别辨析，实现对知识要素的转译，即由文字语言过渡到符号语言，加深对概念的理解。

预设：平行的充要条件是 D，垂直的充要条件是 B。

任务 4：点到直线距离公式的复习

4.1　写出点 $(x_0，y_0)$ 到直线 $Ax+By+C=0$ 的距离的计算公式_____。

写出直线 $Ax+By+C_1=0$ 与直线 $Ax+By+C_2=0$ 间的距离的计算公式_____。

4.2　下列哪些可以直接使用点到直线的距离公式或平行线间的距离公式？

(1)点 $(1，1)$ 到直线 $2x-y+2=0$ 的距离。

(2)点 $(0，-2)$ 到直线 $y=2x-3$ 的距离。

(3)点 $(3，4)$ 到直线 $\dfrac{y-2}{5}=\dfrac{x-3}{7}$ 的距离。

(4)$2x-y+1=0$ 与 $2x-y+2=0$ 的距离。

(5)$2x-y+1=0$ 与 $4x-2y+3=0$ 的距离。

(6)$y = 2x - 1$ 与 $y - 2 = 2(x + 5)$ 的距离。

4.3 结合以上实例，谈谈两个公式的使用准则。

4.4 说出点到直线的距离公式的推导思路。

学生可能的结果及引导：

4.1 对点到直线距离公式和平行线间距离公式进行回忆提取。

预设：$d = \dfrac{|Ax_0 + By_0 + C|}{\sqrt{A^2 + B^2}}$，$d = \dfrac{|C_1 - C_2|}{\sqrt{A^2 + B^2}}$。

4.2~4.3 引导学生通过分类、比较等，加深对公式应用的理解，概括使用准则。

预设：使用相应公式时，直线方程需要选择一般式。

4.4 引导学生重现知识的形成过程。

预设 1：由 C 坐标及直线方程，易得 E，F 两点坐标；之后由面积法建立方程解得 CD 长（图 6-5）。

预设 2：计算 $\overrightarrow{CE}$ 在法向量方向的投影（图 6-5）。

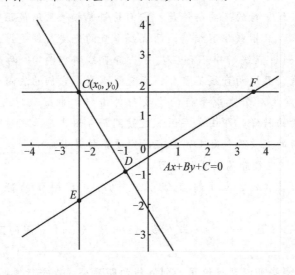

图 6-5

（三）组间交流，汇报成果

各小组完成自己子任务时，教师巡视，待各组任务基本完成时，组织各组发言人汇报本组研究成果。

在每组发言人汇报前，教师组织其余组学生先行阅读相应任务内容。

(四)点拨指导,拓展引申

任务 1:学生可能会将直线的倾斜角和两直线所成角概念混淆,如果在组内交流和组间交流时,都没有解决这个问题,那么教师在点拨指导环节予以说明。

任务 3:学生误以为只要满足 A 就平行了,满足只能说明这两直线平行或重合,还需要排除重合的情况;C 只适用于直线倾斜角非 0 度或直角的情况。这些易错点学生组内或组间交流中没有说到的话,教师予以补充。

任务 4:点到直线距离公式的推导过程,学生可能会遗忘,教师予以指导。

(五)总结反思,网络建构

任务 5:绘制本章知识结构图。

教师布置任务:本章有直线倾斜角、斜率、直线的各种方程、两直线位置关系判定、点到直线距离公式、平行线间距离公式等概念、定理;也有待定系数法求直线方程、判定两直线位置关系、计算点到直线距离等程序与方法。尝试用线条将这些概念定理、程序方法等编制成知识网,并尽可能的发散这些网络,扩大与其他知识的联系。

1. 学生以小组为单位,绘制本章知识结构图。

2. 教师展示学生作品(图 6-6)。

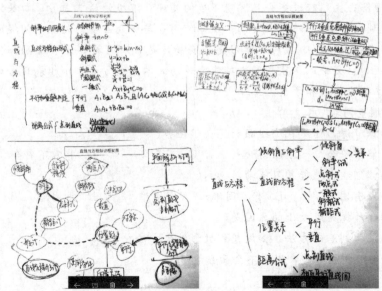

图 6-6　学生作品

3. 总结反思。

(1)学生的学习体会与感悟。

(2)教师总结。

①复习时，对知识要素可以按照识别辨认、回忆提取、举例解释等顺序进行。

②绘制知识网络结构图，可以帮助理解知识间的逻辑关系，有助于复习知识。

六、学习效果评价设计

1. 课堂行为

(1)学生自我评价：我学到了什么、我在小组内的表现如何、我对小组学习的成功有何贡献。

(2)小组进行自我评价的角度：小组氛围、合作、各组员的参与、分配任务、工作方式(有目标、有时间计划等)、学习结果。

(3)学习成果：信息内容、成果展示的质量及对这些信息的整理。另外，对书面成果的评价包括：形式(主体的结构、逻辑顺序、目录等)、内容(与主题的关联、主题的广度、客观正确性)、表现(涉及目标群体、语言质量、原创性等)。

(4)成果汇报：与主题设定相关；主题结构有意义；报告具有逻辑性，听者容易理解；主题经过充分且客观正确的处理；汇报的语言质量；口头汇报的方式(流利、清晰、语速适中等)；媒体使用；与听众互动；处理中间提问。

(5)小组表现：小组内部学习是否安静，是否有目标，是否顺利；任务分配是否顺利、公平；在团结和支持能力较弱的学生这方面，小组表现如何；是否能独立解决问题和矛盾。

2. 调查问卷

(1)本节课，你所在小组顺利完成了任务(　　　)

A. 非常符合　　　　B. 符合　　　　C. 不符合　　　　D. 非常不符合

(2)你们组在进行复习活动时感到(　　　)

A. 没有困难　　　　B. 有点困难　　C. 有困难　　　　D. 很困难

(3)合作探究成效小的原因是(　　　)

A. 没找到基本方法，如没想到数形结合方法

B. 思维扩展不够，思考不全面系统

C. 思考慢，没有时间

(4)在课上，你与组内同学的交流机会是（　　）

A. 多　　　　　　　　　　　B. 大多数时候有

C. 少数时候有　　　　　　　D. 没有

(5)在课上，你与老师的交流机会是（　　）

A. 多　　　　　　　　　　　B. 大多数时候有

C. 少数时候有　　　　　　　D. 没有

(6)在课上，你发表见解或提出疑问的机会是（　　）

A. 多　　　　　　　　　　　B. 大多数时候有

C. 少数时候有　　　　　　　D. 没有

(7)在课上，你的意见有没有被小组采纳（　　）

A. 多　　　　　　　　　　　B. 大多数时候有

C. 少数时候有　　　　　　　D. 没有

(8)在课上，你感到（　　）

A. 轻松愉快，富有挑战性　　B. 轻松愉快，但没有挑战性

C. 压力较大，有一定收获　　D. 没有压力，没有明显收获

本案例以对直线与方程的知识内容于教材和学生高中学习中的定位为起点，分解知识内容并设计以学生为活动中心的学习任务，辅以课前测试，充分了解学生知识水平，为教学设计的重点、难点找准目标。教师在教学设计中针对每一个学习活动做了多种预设，以便在教学过程中顺利推进学习活动的进行。在小组讨论时，教师通过鼓励交流和参与探究来完成对学生的指导，在学生自主探究的基础上，组织交流，让学生各自发表见解，相互讨论、质疑、解释，从而加快对问题的理解与认识，促进问题的解决，或使获得的概念更清楚、结论更准确。例如在本节课上，个别学生对于什么是直线的两点式方程有异议，在组内其他组员的帮助引领下，他们成功克服了这个问题，于是在组间交流阶段，需要各小组和教师共同讨论完成的问题已经非常少了，从而极大提高了课堂效率。当探究得出初步结果与规律后，教师可根据实际情况，引导学生从不同的角度提出新问题，最大限度地培养学生的思维能力，例如本节课在推导点到直线的距离公式时，教师引导学生从斜线在直线法向量上的投影这个角度去思考得出这个公式的向量推导方法。在本节课的最后，教师还针对这种教学模式设计了操作性较强的评价体系，从学习成果、学生自我评价和学生学习感受等多角度反映整节课的学习效果，方便类似教学设计的改进和优化。

思考与实践

1. 复习课在学生数学学习中起着怎样的作用？

2. 设计一个教学片段，从一般的方法（思路、策略）入手，引导学生掌握解题的通用方法。

3. 复习课与习题课、讲评课的区别是什么？

4. 选择一个内容，设计一节单元复习课。

拓展资源

1. 教学设计文本案例：基于提升数学素养的高三数学复习——"数列综合运用"教学案例及感悟（江苏教学名师 缪林）。

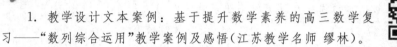

2. 教学设计视频案例：降次：一元二次方程复习（杭州市文海实验学校何继斌）。

第 7 章　数学问题解决
教学设计与实施

通过手机、互联网，你可以很方便地确定你所在或你想寻找的位置、行程线路推荐，找到你感兴趣的信息、资源。在人工智能、芯片研制、5G 技术、智能机器人、人脸识别、手写体识别、遥控家电、手机智能家电等现代高科技领域，数学技术成为其中的关键核心力量。

如何让学生能通过中小学数学的学习体验到数学无所不在的广泛应用？发现与提出问题，分析解决数学问题能力的培养，是当下数学教育的基本目标之一。数学问题解决教学设计与实施的研究、探讨则是一个非常重要的专题。

什么是数学问题及数学问题解决？如何以项目学习模式、STEAM、数学建模活动等跨学科综合实践活动为载体，实现提升学生问题解决能力的教育目标？本章将围绕上述问题进行讲解与分析。

7.1　数学问题与数学问题解决概述

数学问题解决是数学教育的基本目标。问题是数学的心脏，数学的真正组成部分是问题和问题解决。从生态学的观点来看，数学问题解决过程是认知加工与情感态度交互作用的过程，同时也是一个知识提取与知识建构的共生过程，具有显著的文化特征。因此，问题解决可以被理解为人与环境交互作用的过程与结果，并将学习嵌入需要运用知识解决问题的情境中。20 世纪，著名美籍匈牙利数学家、数学教育家乔治·波利亚（George Polya）就倡导将数学作为一门问题解决的学科，并把问题解决作为数学教学的焦点。21 世纪，问题解决更成为各国数学课程改革与教学研究的热点。

1. 数学问题解决的提出

继"新数运动"与"回到基础"之后，1980 年 4 月美国教师协会 NCTM（National Council of Teachers of Mathematics）公布了一份指导 20 世纪 80 年代数学课程的纲领性文件：《行动日程——80 年代数学教育的劝告书》，它强调"问题解决应该是学校数学课程的中心"，并给出实施问题解决的具体策略与建议。美国的数学教育领域提出，问题解决应以实用为目的，以数学基本技能的培养为中心；应该发展数学解题的定义和语言，并应扩展到更为广泛的策略与过程中，其呈现过程中应包含全部数学应用；数学教师在实践教学中应努力创造使问题解决活跃起来的学习环境与氛围；课程的编制应该强调问题解决是课程的中心，更应该发展各年级关于数学问题解决的教材等。《行动日程——80年代数学教育的劝告书》发表以后，问题解决的研究与实践在发达教育国家逐渐发展起来。

1982年，英国数学教育界积极响应了美国提出的这一口号，并发布了权威性文件——《考克罗夫特（Cockcroft）报告》。该报告明确提出：数学教育的核心是培养解决数学问题的能力，并且强调数学只有应用于各种现实情境中才能实现真正的意义。在数学课程改革运动中占有显著地位的学校数学课程设计小组 SMP(School Mathematics Project)在英国高中生的数学学习中制定了问题解决的专门课程。课程主要内容包含：①如何开展数学探究；②如何组织数学问题；③数学模型化；④数学交流；⑤个案研究；⑥数学问题解决。同时，SMP 也规划制定了相应的水平测试及考试内容。

日本的数学教育领域非常注重营造生动活泼的学习活动，在美国提出问题解决之后，日本教育界最初没有针对问题解决制定正规的教材，也没有将其纳入教学设计体系中，但是教师在日常教学中会根据自己的意向组织内容，以专题形式将问题解决插入课堂的教学设计中。到了1989年，日本在修改的《学习指导要领》中正式将专题学习的内容纳入其中，使问题解决的思想最终以正规文件条文的形式确定下来。问题解决的教育改革在日本以专题学习形式得以体现，同时日本的教育纲领要求数学课程的课堂教学要以问题解决为核心，以解决智力型的实际问题为主要内容。

现代数学教育领域，问题解决研究的重要标志是杰出数学教育家波利亚的《怎样解题》系列著作的出版。我国学者在学习波利亚的数学教育与教学理念的同时力求创造与创新，以"数学方法论"的提出为显著的代表。

《义务教育数学课程标准(2011年版)》明确指出：把问题解决作为课程目标之一，并给出了具体要求。课标要求，让学生初步学会从数学的角度发现问题和提出问题，综合运用数学知识解决简单的实际问题，增强应用意识，提高实践能力；获得分析问题和解决问题的一些基本方法，体验解决问题方法的多样性，发展创新意识；学会与他人合作交流；初步形成评价与反思的意识。《普通高中数学课程标准(2017年版)》提出，通过高中数学课程的学习，学生能有意识的运用数学语言表达现实世界，发现和提出问题，感悟数学和现实世界的关联；学会用数学模型解决实际问题。

2. 数学问题解决的概念

从系统论的角度看，如果对某人来说，一个系统的全部元素、元素的性质和元素间的关系，都是他所知道的，那么这个系统对于他就是稳定系统。如果这个系统中至少有一个元素、性质和关系是他所不知的，那么这个系统就是一个问题。一个系统能否算一个问题，与接触它的人有关。一个系统对学生甲可能是一个问题，可对学生乙也许就不是一个问题。如果这个问题系统的元素、性质和关系都是有关数学的，那么它就是一个数学问题。

数学教育中的数学问题是指在学习者已有的知识和能力范围内能够理解并有多种方法解决的问题，其具有非常规性、开放性与探究性。比如，条件不充分、结论不唯一等。学习者可以用已有的知识和方法，将问题推广到各种情形。数学问题既包括教科书上的例题和习题，也包括那些来自生活或现实领域的实际问题；在类型上可以分为单纯练习题式问题和非单纯练习题式问题；条件充分、结论确定的标准问题或具有探索性的开放性问题都属于数学问题。

问题解决是一系列有目的、有指向的认知操作过程。数学问题解决是指数学概念、数学命题与数学方法的间接应用，是以思考、探索为内涵，以数学问题为定向的心理活动或心理过程。对于学生来说，问题解决是指综合性的与创造性地运用以前所获得的数学知识和方法去解决那种并非单纯练习题式的问题，包括实际问题和源于数学内部的问题。

国际比较项目 PISA(The Program for International Student Assessment)认为，未来社会不仅要求学生掌握适应挑战的数学技能、科学技能与阅读技能，而且要求学生能够学会分析、推理，并能够在各种情境和领域中提出问题、分析问题和解决问题，及如何综合运用知识。当学生面对现实生活中的问题时，仅仅通过某一学科或者某一领域方面的知识与技能往往不能有效的找到解决问题的方法与路径。因此，解决问题的技能是指学生综合运用阅读、数学和其他学科领域知识来解决生活中遇到的真实问题的能力。很显然，在问题解决的过程中学习者需要使用分析、综合、抽象、概括、想象等多种学习智力活动，所以说问题解决为学习者提供了一个发现、创造和创新的机会与环境，同时也为教师提供了一条培养学生解题能力、自控能力和综合应用数学知识能力的途径。在问题解决的过程中，教师与学生不仅要注重解题的一般过程、答案与结果，并且更应关注解决问题的过程、策略以及思维的方法，还有解决问题的元认知体验。问题解决的教学过程是发现的过程、探索的过程与创新的过程，其目的不仅是培养学生学会数学解题，更应该注重培养学生应用数学方法解决实际问题的能力，特别是创新思维能力。

3. 数学问题解决的基本过程

问题解决一般包括两大类，分别为抽象的数学问题和具有现实背景的数学问题，这两类问题都具有一般的解决方法与过程。下面就这两类问题的解决过程进行分析与讨论。

（1）解决抽象数学问题的基本过程

1948 年波利亚提出了数学问题解决的四阶段模型，这四个阶段分别为理解问题、形成计划、执行计划与检查回顾（图 7-1）。其中，理解问题，是指清楚地知道问题的要求是什么；形成计划，即发现问题中的各个项目是如何关联的，已知信息与未知信息是如何联系的，进而形成解决问题的计划；执行计划，是将形成的规划与计划进行科学合理的实施；检查回顾，即解决抽象数学问题的最后一个基本过程，要对前三个过程进行回顾并检查实施计划过程和结论的准确性，并可以进行评价。

图 7-1　数学问题解决的四阶段模型

（2）解决具有现实背景的问题的基本过程

一般来讲，解决问题的思维活动都始于问题情境，在分析问题的已知与未知条件、明确问题的意义和目的后，就进入转换和寻求解决途径的阶段。这里提到的转换，是指变换问题，是把数学问题变换为自己的语言和易于解决的形式；寻求问题的途径并求得解答的过程并不是简单的利用已知信息，而是要把数学问题中的各种信息进行加工和改造，再对解决问题的各种途径和方式进行比较与筛选，进而确定出问题解决的最终方法，最后求得解答。在完成上述步骤与过程之后，还需要对解决问题的途径和问题的解答进行检验或评价。

经过上述分析，这里给出具有现实背景的问题解决的四个基本过程，包括分析联系、建立模型、求解问题与检验推广（图 7-2）。其中，分析联系，是指分析问题背景寻找数学知识间的内部联系；建立模型，是指根据上一过程获取的信息建立解决数学问题的模型；求解问题，是指通过数学模型的解决过程得到问题的结果或结论；检验推广是指检验结论并要判断是否适合推广。下面将对每个过程进行更详细的阐述与解析。

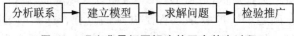

图 7-2　现实背景问题解决的四个基本过程

①分析问题背景，寻找数学联系。

分析所给出的数学问题，寻找问题背景的含义并理解其意义。在背景中找出它们与哪些数学知识有关联和联系，为建立有关的数学模型积累基础。这一过程的目标是让实际问题数学化，进而能够使非常规问题转化为常规问题来解决。

②建立数学模型。

在上一过程的基础上，将实际问题中抽取的信息进行符号化，并确定其中的内部关系，进而写出由这些符号和关系所确定的数学联系，再使用具体的代数式、函数式、方程式、不等式或相关的图形、图表等把这些数学联系确定并表示出来，最后形成数学模型。

③求解数学问题。

根据上一过程确定的数学模型，由其特征出发选择可使用的适当的数学知识、数学思想与数学方法等，对数学模型进行分析与解答。

④检验与推广。

将数学问题的求解结果再返回到最初的实际问题背景中去进行检验，看它是否与实际问题的情形相吻合，从而决定是否要修改与完善数学模型，也可能需要另辟蹊径。在数学问题得到了解决后，再思考解决的过程与方法是否可以进行推广。

上述提出的解决具有现实背景数学问题的四个过程缺一不可。只有认真仔细地分析问题的背景并挖掘其内部联系，才能将实际问题进行数学化，并建立准确的数学模型。准确的数学模型特征为找到高效地解决问题的数学思想方法提供支撑。在解决问题之后的检验也是至关重要的，没有检验过程就缺乏对结论准确程度的判断与自信，这也是推广的重要前提。下面结合实际案例来理解解决实际背景问题的基本过程与方法。

案例：抗疫摸查抽样问题

一、数学知识点

统计学分层抽样。

二、问题情境

为了坚决打赢新型冠状病毒的攻坚战、阻击战，某居民小区对小区内的 2 000 名居民进行摸底排查，各年龄段男、女人数如表 7-1 所示。已知在小区的居民中随机抽取 1 名，抽到 20 岁到 50 岁之间的女居民的概率是 0.19。

表 7-1　小区居民各年龄段男、女人数一览表　　　　　　　单位：名

性别	1 岁到 20 岁	20 岁到 50 岁	50 岁以上
女	373	X	Y
男	377	370	250

三、提出问题

现用分层抽样的方法在全小区抽取 64 名居民，则应抽取的 50 岁以上的女居民人数是多少？

四、分析解决

求解本题的关键是通过阅读当今全世界人民都在面临的抗疫问题的材料，抽象出数学问题并转化为统计学的问题，并体会分布的意义和作用，进而使用统计学中的分层抽样的知识来分析解决问题，考查学习者的应用意识。

在全小区中随机抽取 1 名 20 岁到 50 岁的女居民的概率是 0.19，那么有

$$\frac{X}{2\ 000}=0.19，则 X=380。$$

则 50 岁以上的女居民的人数为

$$Y=2\ 000-373-380-377-370-250=250。$$

现用分层抽样的方法在全小区抽取 64 名居民，则应该在 50 岁以上抽取的女居民人数为

$$\frac{64}{2\ 000}\times250=8。$$

五、应用结论

在上述数学问题求解之后，还要将结果结合情境进行科学合理的表述。在全小区抽取 64 名居民，则应抽取的 50 岁以上的女居民人数是 8 名。

4. 数学问题解决的教学意义

数学问题解决教学的目的是培养学生解决问题的能力，而不是以解题数量的多少作为衡量标准，其对学生的学习和发展的作用可概括为以下几个方面。

(1)提高学生数学知识的掌握水平

学生在数学问题解决的过程中需要把旧的数学知识运用到新的情境中去，这种运用不仅仅是简单的模仿操作，而是一种对已掌握的数学概念、法则与方法重新组合的、创造性的综合运用。因此，这个过程能够加深学生对数学知识的理解并能灵活运用，进而有效地提高其数学知识和技能的掌握水平。

(2)解决实际问题的能力

在数学问题解决的过程中，学生根据实现问题目标的需要主动地将所学过的有关知识运用到新的情境中去，使新问题得以解决。这个过程对学生三个领域的能力起到有效的培养与推进作用，这三个能力包括：其一，根据目标需要检索和提取有效信息的能力；其二，转化静态知识和方法为动态可操作的程序能力；其三，迁移数学知识到陌生的情景中去，并形成新的解决问题的能力。

(3)培养学生的探索精神和创新能力

在数学问题解决过程中学生遇到的问题往往是没有体系化的方法或程序可以直接套用的，而是需要根据具体的问题情境去探索和解决。这个过程要求学生的主动参与并实施，因此数学问题解决有利于学生探索精神的培养。任何数学问题解决都不能直接依赖于已有的知识和方法，因此其过程又是一个创新的过程，它可以帮助学生获得初步的创新的能力、意识与思维习惯。

(4)促进学生形成正确的价值观

在数学问题解决的过程中，学生用亲身体验和感受去分析问题并解决问题，在这一完整的过程中，学生能对数学知识形成深刻的理解，体验数学巨大的应用价值，进而形成正确数学观和认真求知的科学态度。

7.2　数学问题解决的教学设计

数学问题解决教学为学生提供了一个发现与创新的环境和机会，为教师提供了一条培养学生解题能力、自控能力和应用数学知识能力的途径。问题解决提出了一种新的教学模式，和传统的学习已有的一个定理、一个公式的数学真理的静态过程不同，它要求学生创造真正属于"自己的"数学知识，在和困难做斗争的过程中去探究数学真理。

数学问题解决的教学过程包括：问题情境的创设、数学问题的提出、分析与解决数学问题、应用数学结论(图 7-3)。在数学问题解决的教学过程中，情境的设计是前提，提出问题是核心，分析解决问题是目标，应用数学结论是归宿。而这一教学过程要通过科学可行的教师教学行为与精心设计的学生活动来协同合作实施完成。

1. 问题情境的设计

一般说来，问题解决教学的首要工作是根据题设的条件，设计恰当的数学问题情境。问题情境，就是从事数学活动的环境，产生数学行为的条件。问题

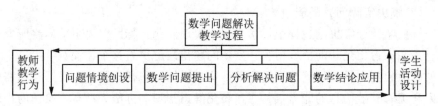

图 7-3　数学问题解决教学过程

情境的设计需要满足必要性、探索性、开放性、可行性与层次性 5 个条件。必要性是问题情境设计的一个重要前提，问题情境的设计是数学知识、概念产生和发展的现实背景，在这个情境下能够使得学生感到知识的产生和发展是自然的、问题的解决是必须的，以此激发学生学习数学的兴趣、信心，尽快地进入到问题的探究状态；数学问题解决中的问题对学生来说是非常规的，不是仅靠简单模仿就能解决的，所以探索和创新性思维是必需的工具；问题情境具有探索性是学生学习的动力，情境的设计应该营造出使学生能够自由地想象、思考、探索的氛围，要能吸引学生投入进去，并能够激发学生探索的欲望；问题情境的设计还要满足开放性，因为问题的提出可以只提供一个情境，但不一定仅有一种解法，也不一定有最终的答案，情境的设计应使不同水平的学生都可以由浅入深的做出不同层次的解答；问题情境的设计要满足可行性，其难度应与学生的接受能力相符合，要符合学生思维发展和认知的规律与水平，紧扣数学教学的知识点，符合学生的年龄特征及其数学思维发展的实际情况。所以，我们应该提出既有一定的难度又能够使学生力所能及去解决的问题，在问题的呈现形式上，要有层次性，问题应该由浅入深、循序渐进地逐步提出，又能为学生提供多人合作的机会。

在具体的数学问题教学过程中，创设问题情境的方法是多种多样并灵活使用的，例如，可以借助具体的实物、图片、模型及其多媒体等直观手段；在课堂上可以现场实（试）验演示；可以让学生观察现实生活中或隐藏在课本中"矛盾"的事实与数据；可以运用以现有知识难以正确完成的作业或难以解答的问题，或学生在作业与练习中出现的典型错误进行分析等作为教学情境；叙述或再现科学史或数学史中的相关事实等。创设数学情境的取材可以来源于实际生活、生产中的具体问题；也可以是现实社会中人们密切关注的科学、技术问题；可以是自然科学、人文科学等其他学科领域中的重要热点问题；当然也可以取材于数学史实、中外名题、例题习题、升学题、竞赛题等领域。

创设问题情境的类型可以是生活情境与实验操作情境；可以是故事情境与文化历史情境；抑或是充满悬念或矛盾的悬念情境与冲突情境；可以是在游戏

和竞赛中产生的情境；当然也可以通过在已有事实或材料中通过类比或猜想得出的模拟情境。

例如："数学学习中定位问题的情境创设"。

在讲解如何正确定位这一数学问题时，陈老师在黑板上画出一个形似"蜘蛛网"的同心圆系，并给出蜘蛛在蜘蛛网上爬行的问题情境，如图 7-4 所示。陈老师在引导学生熟悉了这一问题情境之后提出问题：位于圆心的蜘蛛如何确定网上的一只蚊子？试猜想蜘蛛如何确定蚊子的"位置"？陈老师创设了一个与自然科学相关的问题情境，并和学生的实际生活紧密相关，在这一情境中引导学生来

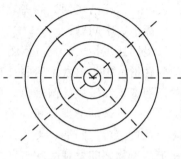

图 7-4　同心圆系

发现并说明蜘蛛能够判断蚊子所在位置的过程与方法，进而确定数学问题中如何正确定位的关键要素。

在上述情境中提出、分析解决问题之后陈老师又给出了某军事题材影片的播放片段，炮兵部队炮击对方目标时，炮兵指挥官向炮兵发出命令："西北方1 000 米，开炮！"在这一问题情境中所抽象出的数学问题更加明确的指出定位的两个要素为一个距离和一个方向。

在这一案例中，陈老师创设了自然科学和军事两个不同背景的情境，两种情境的设计一个符合学生的学习生活经验，另一个具有合适的开放性程度，并且通过声形并茂的短视频播放的形式抓住了学生的学习兴趣，在学生已有的数学活动经验和知识认知的基础上，借助具体图形与多媒体等直观呈现手段抽象出相似的数学问题，引导学生使用类比与归纳的思维方式找到解决数学问题的结论。

随着年级升高，问题情境往往更多的来源于数学的自身领域，在数学问题解决和知识应用过程中可以创设引发出新的教学情境，可以称之为数学情境创设。

例如："由解决平面数学问题创设解决空间数学问题的情境"。

问题一：证明正三角形内任意一点到三边的距离之和为定值。

问题二：证明正多边形内任意一点到各边的距离之和为定值。

很显然，问题一与问题二都属于数学领域中平面几何的学习内容。在学生已有的学习认知结构基础上，教师可以通过回顾复习的过程，引导学生解决新的数学问题，同时创设出新的数学问题情境——空间几何中的数学问题解决，

即问题三：证明正多面体内任意一点到各面的距离之和为定值。

数学情境的创设对整个课堂教学起着排头兵的作用，它的有效性影响了整堂数学课的有效性，所以全体数学教师都要重视情境创设这一环节，经常反思与实践，保证情境创设的高效性。

提出数学问题：

爱因斯坦指出，发现问题是成功的一半。在数学问题解决的教学中，学生从问题情境中提出数学问题具有十分重要的意义。这一环节需要学生具有强烈的问题意识和敏锐的洞察力。引导学生提出数学问题的常用方法有如下三种。

第一，借助推理分析模式提出问题。由数学情境中的信息或联系生活实际，通过猜想、归纳、类比，提出数量关系或空间形式的问题，也可以在比较相近的事物之间发现关联与异同，从而发现问题，寻找解决问题的方法。

第二，通过实验操作方式提出问题。从学生操作教具模型与信息技术软件的过程及结果中分析、提出新问题；用学生新奇的解答，或简便的解答，提出新问题；利用学生错误的理解，提出新问题等。

第三，使用质疑探究的方式提出问题。思辨因与果的关联：多问几个为什么，如，为什么有这个结论？条件和结论有什么联系？怎样得到这个结论？可以尝试变换条件：改变问题的某个条件看看结论有什么变化？或者改变结论，看看条件如何变化？是否能扩大成果：把所得到的结论、公式、定理能不能推广、引申，进而得到更为一般的规律和事实。逆向思维法：把正面的问题反过来思考会怎样？思考命题的逆命题是否成立，由结论能不能推出条件？特殊化方法：把结论放到特殊的环境中，进而发现是否有新的发现与结果。

2. 分析解决数学问题

作为教师要注意对学生在情境中抽象出的数学问题进行精心选择与修正，在确定提出问题以后，可以安排学生阅读题目，也可以师生一起观察和磋商、讨论和个体探究（或先个体探究后讨论，或先讨论后个体探究，或个体探究和讨论一起进行），或通过听、看、读、思考、动笔、利用计算器和计算机等方式，寻找问题与已有知识的联系。在探究中学习，鼓励学生大胆猜想和运用直觉去寻求解题策略，以及广泛地应用分析、综合、一般化、特殊化、演绎、归纳、类比、联想等各种思维方法；教学中要注意通过列表分析数据或通过图形研究规律；可以做一般化或特殊化处理，如，变换问题使之简单化等方法帮助学生归纳、总结问题解决的策略和方法。

例如："从数学游戏的情境中解决数列问题"。

五位同学围成一圈依次循环报数，规定第一位同学首次报出的数为 1，第二位同学首次报出的数也为 1，之后每位同学所报出的数都是前两位同学报出的数之和，若报出的数为 3 的倍数，则报该数的同学需拍手 1 次。已知甲同学第一个报数，当五位同学依次循环报到第 100 个数时，甲同学拍手的总次数为_____。

【问题分析】上述问题的情境背景是数学游戏活动，教师应要求学生仔细阅读题目，并认真理解游戏过程，进而能够提炼与抽象出正确的数学问题。

教师可以设计学生分组探究的学习形式，并要求同学记录游戏报数数据，对数据进行直观观察与分析，可以发现该游戏所要解决的是数列问题。

1，1，2，3，5，8，13，21，34，55，89，144，233，377，610，987，…

首先，可以发现游戏所要解决的是数列问题，该数列是"斐波那契数列"。

其次，引导学生通过认真理解游戏过程的阐述，使用探究质疑的方式来寻找已知条件与所求结果之间的关系，并分析特殊项 987 的特征，使用特殊到一般的思维方式寻找问题规律。找出甲同学击掌时数列中显示项数的要求，即在"斐波那契数列"中只有在既是 3 的倍数项上，也是甲同学报数的项上，二者重合的项，即为击掌项。

最后，通过游戏提出的数学问题为在"斐波那契数列"中寻找既是甲同学报数的项，也是 3 的倍数项的数学问题。

【答案】

"斐波那契数列"中 3 的倍数项序数为 4，8，12，16，…，$4n$。

甲同学报数项的序数 1，6，11，16，…，$5m-4$。

通过抽象出的问题可以将所求问题转化为：求数列 $\{4n\}$ 与 $\{5m-4\}$ 的共同部分数，也是解决该问题的关键环节。

通过运算推导，当 $m=4k$，$n=5k-1$ 时，$5m-4=20k-4=4n$，又 $1<4n\leqslant100$，

∴$20k-4<100$，

∴$k\leqslant5$，

∴甲拍手的总次数为 5 次。即第 16，36，56，76，96 次报数时拍手。

故答案为：5。

3. 应用数学问题结论

在问题解决之后将已经解决的问题作为新的数学问题情境，经过反思、追疑，再提出更深层次的问题；同时在强调数学应用的多样化、重视提取应用情境中的数学信息的前提下，注重创设与学生实际生活密切相关的应用性数学情

境；在加强对应用情境的因素与结构分析的基础上创设新的应用性数学问题情境。

数学教学中很多命题的教学方式都使用上述应用与推广数学问题结论的方式方法。如，可以改变已经解决问题的条件，在数学元素的数量或维度上进行推广，创建新的数学情境，进而产生新的数学问题。几何教学领域常使用增加线段数、边数或角数，或从平面推广到空间；代数教学领域则使用变量的增加；三角领域增加角数或对三角函数数量进行扩充，等等。

4. 教师教学行为

在数学问题解决的教学过程中，教师应该给学生提供一种轻松愉快的气氛和生动活泼的场景，从学生的已有经验出发设计问题情境，将学生置于一种主动参与的位置，并激发学生对结论迫切追求的愿望。教师应该引导学生提出问题和疑问；其次做出猜想并求解，在这一过程中教师要大胆鼓励学生运用直觉去寻求解题策略，必要时可给一些提示，并适当延长时间；能够对其他同学和教师的问题做出反应；能够使用各种手段进行推理、关联、解决问题并交换看法等，讨论各种成功的解法，判断数学事实和论证的正确性；如果可能的话，和以前的问题联系起来对问题进行推广并概括出一般原理。

5. 学生活动设计

数学问题解决的教学过程强调学生的自主学习，教师的指导应更多地体现在为学生创设良好的数学情境、引发学生质疑并提问、启迪学生进行数学思考，学生在教师设置的问题情境中主动、独立或合作的完成数学问题解决的过程，所以教师设计的学生活动流程可分为：第一，教师在提出问题以后，可以安排学生阅读和理解题目，也可以师生一起观察和磋商；第二，寻找问题与已有知识的联系；第三，学生一起讨论和个体探究（或先个体探究后讨论，或先讨论后个体探究，或个体探究和讨论一起进行）；第四，彼此交流总结，建议通过听、看、读、思考、动笔等进行记录总结。

案例：渗透财经素养问题情境的数学问题解决

一件夹克衫先按成本提高 50% 标价，再以 8 折出售，获利 28 元。这件夹克衫的成本是多少元？

一、情境分析

这道题目的问题情境建立在经济学学科背景基础上，具体涉及成本、利润与价格等专业知识。对于七年级的学生，通过这样的情境问题可以帮助其了解商品生产的流程以及成本、售价各经济要素之间的关系，非常有利于培养学生的财经素养。

二、问题提出

教师应引导学生对题目进行仔细阅读，并记录收集题目给出的信息点，做到收集全面、整理到位与分析透彻。明确已知量、未知量及其彼此之间的关系。教师可以引导学生以列表的方式呈现题目涉及的所有量，这样有助于学生更加清晰与直观的观察分析。

题目信息一览表

成本	标价	打折	售价	利润
x 元	$(1+50\%)x$ 元	8 折	$(1+50\%)x \times 80\%$ 元	28 元

在问题提出之前，教师应该预留一定的时间对经济学中的利润、成本等专业术语进行解释说明，并且让学生从不同的角度讨论每个量所表示的意义。如，成本可以理解为本钱或进价，8 折是在原有的售价基础上乘 80% 或者 0.8，成本提高 50% 是指原成本的 1.5 倍或者在原来的成本的基础上再提高 50%，等等。可以类比上述问题，再提问几个关于术语的小问题，来确认学生对情境的理解，因为对情境的理解与否直接影响对数学数量关系的分析。通过对题目的提炼和对表格的观察与分析，这个经济学背景下的售卖夹克衫的问题是一道用一元一次方程来解决的数学问题。

三、解决问题

为了排除情境的干扰，达到去情境化的目的，教师可以引导学生用图象来表示量与量之间的关系，进而能够让学生更直观的去观察这些量的变化过程。通过成本、标价与售价的分析，对不同数量进行挖掘、变式与延伸，由图形就更清晰地看到如何建立一元一次方程，进而使数学问题得以解决。图形可以根据题意用简单明了

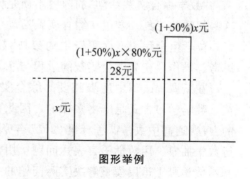

图形举例

的形式体现，形式可以灵活设计，如柱形图或线形的图形，等等。

四、应用推广数学问题

上述问题的解决可以发现对于成本、打折、售价和获利这些量中，通过其中三个量便可求其他量。教师可以引导学生对解决问题的策略进行总结讨论，并鼓励进行推广与延伸，可以尝试让学生去独立解决难度提升的问题，如把一

件夹克衫改成两件夹克衫,让学生类比上述解决问题的思路与策略来进行探究。在已经解决的数学问题基础上再创设难度有所提升的新数学情境。

7.3 数学综合实践活动

数学问题解决能够帮助学生从一定形式上解决生活中的一些实际问题,但这与我们教育的真正目标还有很大的距离。数学与我们的生活联系日益密切,但要让学生从身边的现实生活中发现问题,并用所学的数学知识解决问题并非易事,这就要求教师要能够创设有利于学生思考的问题情境,让学生发现问题、提出问题并进行问题探究,进而解决问题,达到综合运用的目标。学生只有通过真正意义的数学探究活动过程才能深刻体验到数学的本质力量。因此,教学过程中我们还应该注意开展综合实践活动,培养学生的综合实践能力。

1. 数学综合实践活动的概述

"综合与实践"是一类以问题为载体、以学生自主参与为主的学习活动。在学习活动中学生将综合运用数学知识和方法、数学思想,培养学生的问题意识、应用意识和创新意识,积累学生的活动经验,提高学生解决现实问题的能力。

"数学综合实践活动"的内容本质是问题,整合多学科的知识与方法是解决这些问题的工具;学生在综合实践活动中,团队合作是重要的基本形式,需要每一位学生全程、全面积极主动参与"数学综合实践活动",协同合作、交流、思考、操作,充分体会实践的过程与意义。

在新课程改革中逐步开设的综合实践活动必修课是活动课程的发展与规范。数学学习方式是丰富多样的,因此数学综合活动的开展形式也是丰富多样的。《普通高中数学课程标准(2017年版)》给出数学建模活动是对现实问题进行数学抽象、用数学语言表达问题、用数学方法构建模型解决问题的过程,是基本数学思维运用模型解决实际问题的一类综合实践活动,是高中阶段数学课程的重要内容。与之相对应,国外教育界提出了"以项目为中心的学习"(project-based learning)。数学项目学习是指应用项目方法开展数学学习活动,教师指导学生对真实世界中有意义、有价值并有挑战性的主题进行深入探究的课程活动。项目学习已成为澳大利亚、芬兰、法国等多个国家课程改革与课堂教学的关注热点,在我国教育界的发展也十分迅速。当今教育改革的浪潮之一便是衍生于 STEM(Science,Technology,Engineering,Mathematics)教育的

STEAM(Science，Technology，Engineering，Arts，Mathematics)课程改革，该课程理念以高度的跨学科整合特征受到全球教育界的普遍关注，它以跨学科整合为核心理念，融合多种学科知识、学习者经验、社会生活等价值取向，并需要结合具体的现实生活情境，实施时需要关注主题选择、目标制订、知识建构、教学评一体化设计等环节，为我国教育改革的多学科课程整合提供有力的参考和指引方向。同时，这一浪潮也在很大程度上影响着我国核心素养的课程改革理念和教学实践体系。当今国际数学教育改革的关注点之一就是如何提高学生的综合实践能力，无论是实践教学中的数学建模活动，还是项目学习，抑或是课程改革热点 STEAM，都是以培养学生的综合实践能力为目标，需要在某个特定的真实世界的情境中围绕某个具体的数学问题，开展自主探究、合作研究并最终解决问题的过程。综上所述，建模学习、项目式学习、探究式学习、实验活动学习与跨学科综合实践学习等，都是教学中实施数学综合实践的活动形式。

2. 数学综合实践活动的实施过程

数学综合实践活动的课题主要是指现实话题，也是我们要在活动中需要解决的问题，它是整个课堂实践的中心，也是贯穿整个综合实践活动的链条，对活动中实施的各个教学环节起着整合的作用。

（1）做好课题，选题工作是前提

课题应该具有丰富的专业内涵，同时也应该具有宽广的外延性。它不仅包含着一个或多个概念及概念间的彼此关系，而且更涵盖与概念相关的其他学科与事物的关系、理论、规范及原则等要素。所以，课题需要具有现实性、综合结构性、整合性、循序渐进性和开放性的特征。有价值的课题应该具有如下的特征：是否有助于揭示数学知识的本质；是否能够实现数学学科内部、数学与其他学科如物理、化学、天文、地理等学科知识的联系；是否能够帮助学生了解数学史、数学文化、社会文化、艺术等多元文化知识；是否有助于提高和发展学生的综合素养；是否能够促进学生情感态度与价值观的发展，等等。

《普通高中数学课程标准(2017 年版)》对数学探究活动中课题的要求是："课题可以由教师给定，也可以由学生与教师协商确定。课题研究的过程包括选题、开题、做题、结题四个环节。"课题的选择要有助于学生对数学的理解，有助于学生体验数学研究的过程，有助于学生形成发现、探究问题的意识，有助于发挥自己的想象力和创造性。除了教科书给我们的课题外，我们还应该从生活中结合数学内容发现新的课题。只要积极思考，生活中到处都可以发现数学课题。

实际生活中可以提供给学生们去探究学习的课题有很多，但毕竟学生的学习时间和能力有限，那么如何使探究性学习发挥最大的教育功效？这就需要教师在尊重学生自主性的前提下，对选题的选择给予有力和科学的指导。首先，应该选择一些难度适宜、符合学生认知结构的课题；其次，课题不仅要体现数学思想，还能运用多学科综合知识及体现多元文化，这对培养学生的综合素养很重要；再次，所选课题是否能够充分发挥探究性学习的多方面功效是选题的重要标准；最后，虽然不用对选题有非常清晰详细的解决方案，但是对于一些基本问题要规划出一定的教学预案，如，怎样围绕问题组织活动，要规划哪些活动形式？研究过程中会用到哪些数学知识？研究过程中会借助哪些与实际生活相关联或其他学科的知识？数学知识哪些地方可以拓展开来培养学生的数学素养？等等。

案例：具有跨学科特征的综合实践活动课题案例
——绘制公园平面地图①

公园为满足游客个性化的需求，常常需要提供不同主题的地图。因此，可以以跨学科综合实践活动为载体，让学生自主选择某一场景，如文化古迹、景观、建筑、古树分布、植物分布、定向越野、美食等，提炼出相应主题，综合运用数学、地理、美术等多学科知识，绘制公园主题平面地图，创造性地完成活动任务。

一、课题体现的育人价值

在公园平面地图绘制活动中，学生综合利用数学、地理和美术等知识解决问题，从不同的视角聚焦主题，提出研究问题，体现了以下几个方面的育人价值。

(1)用数学的眼光观察世界，用数学和跨学科思维分析问题，运用数学与艺术等多种语言形式表达自己的想法和观点；发展数学抽象与几何直观等数学学科关键能力；

(2)发展分析问题、解决问题、合作交流、实践探索、批判反思、组织协调等综合素养；

(3)帮助学生了解优秀传统文化的历史渊源、发展脉络、精神内涵以及人文景观和地理地貌，增强文化自觉和文化自信，养成热爱劳动、自主自立、意志坚强的生活态度，形成尊重他人、助人为乐、勇于创新等良好品质。

---

① 本案例由北京教育学院冯启磊副教授提供。

二、综合实践活动目标

学生在教师的引导下通过自主思考探究、合作问题解决，达成以下目标。

（1）将从不同视角提出开放性的研究问题，聚焦地图绘制的主题；

（2）将空间中的景物关系抽象为平面图形及其位置关系，运用位置确定和表示的方法，建构恰当的坐标系，利用地图三要素和美术相关知识绘制地图；

（3）综合应用数学、地理和美术等学科知识解决现实问题，学习用数学语言讲述现实世界的故事，发展数学抽象、几何直观等数学核心素养，逐步积累数学活动经验；

（4）发展计划与组织，设计与调整策略，沟通与表达，反思能力与合作问题解决能力，培养实践与创新能力，增强文化自信，形成尊重他人、乐于助人、勇于创新等良好品质。

三、综合实践活动设计思路

绘制公园平面地图是以"平面直角坐标系"相关知识的应用为核心的跨学科综合实践活动。它们涉及不同的学科，比如古树和植物主题会用到生物学科的知识，文化古迹主题则会涉及历史学科的知识；在绘制主题地图时，会综合运用数学、地理和美术等学科知识。因此该活动以数学教师为主导来实施完成，可以协同其他学科教师（如地理、美术、生物、历史）一起完成，但不是必需的。也可以根据学生的特点，倡导学生用学过的相关知识或自主拓展学习完成。

绘制公园平面地图给学生提供了一个开放性的活动任务，学生从不同的视角提出具有开放性的研究问题，倡导通过团队合作来解决。该活动分为课外和课内两部分，课外主要是提出绘制主题，完成作品绘制，课内主要是作品的展示与交流，在教师的引导下，聚焦数学学科关键能力和核心素养。

在实践活动设计与教学实施中，秉持以学生为中心的基本理念。学生在这样一个涉及数学、地理、美术、生物、历史、建筑等多学科内容的复杂问题情境中，聚焦主题，自主选择研究任务、提出并探索研究问题。在解决问题过程中，学生需要激发自己已有的知识和经验，在小组合作交流中，创造性地解决问题，问题解决方向需要自己摸索，解决方案多元化，而非有指向性的"标准答案"。教师在活动前需要分析学生可能遇到的困难点，在学生真正遇到困难时，采用恰当的引导策略帮助学生找到问题解决的方法。

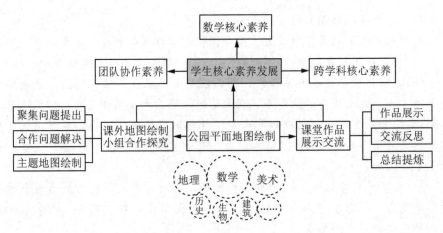

公园平面地图绘制综合实践活动设计思路

四、综合实践活动初步实施预案

学习任务	学生活动	教师组织	活动意图
课外活动探究。探究活动：在公园中选择某一场景特色主题，绘制公园平面地图。	1. 学生在公园中，每个小组从中提炼出场景特色主题。 2. 通过小组合作探究，应用数学知识、地理知识和美术知识绘制平面地图。	1. 教师引导学生理解场景特色主题的含义，引导学生从不同的视角提出问题。 2. 在活动前，教师引导学生从投入探究活动中的情绪情感，问题解决过程中的能力表现，小组团队协作能力和作品等四个方面进行评价。 3. 教师在学生遇到困难时，及时给予帮助，鼓励学生小组内部与小组之间的交流与合作。	1. 学生能够提出有意义的主题，发展数学抽象与概括能力。 2. 能够恰当地运用跨学科知识解决问题。 3. 能够以积极的状态投入到探究活动中，在团队合作与交流中探索问题解决。
课内作品展示与评价。分享小组作品、展示交流与总结反思。	1. 小组分享自己的作品，介绍作品设计的想法和收获。 2. 小组根据评价标准对自己的作品和他组的作品进行评价。	1. 教师可以引导学生根据评价标准选出优秀作品，组织优秀作品分享；也可以全部分享后再评价。 2. 引导学生在作品分享时聚焦问题提出的过程与合作问题解决中的关键点以及突破的策略、使用的数学知识与思想方法。	1. 学生发展语言表达能力，能够清晰地表达自己的想法和观点的形成过程。 2. 学生发展反思、总结与评价能力。

学习任务	学生活动	教师组织	活动意图
	3. 从数学的角度反思使用的方法与知识。	3. 教师引导学生从数学关键能力、跨学科核心素养和合作问题解决等角度进行总结反思。	
作品修正与调整。根据评价标准，改进自己的作品。	1. 修正完善自己的地图。 2. 课后撰写综合实践活动感悟。	教师引导学生对地图绘制作品进行完善，可从空间图形评价化的方法、位置确定方法的恰当进行指导。	修正完善作品，发展反思能力。

(2)数学综合实践活动的教学设计

课题选择后教师还应精心设计教学过程，让学生亲身经历数学知识的形成与应用过程，为学生提供一种开放、互动、有序的氛围。在这个过程中，有些学生学习能力强可以脱离老师的指导自己去研究，但是，绝大部分学生还是要在老师的指导下进行研究活动。此时教师的作用不是告诉他们答案，而是要引导学生注重课题的实际背景，增强学生对现实生活的感受与体验，激发学生积极主动地去发现解决问题的多种方案，进而拓展研究空间；激发他们的研究兴趣，抓住学生的质疑心理，引导学生对不同的解决方案进行对比与分析；教师应留给学生充分的研究思考空间，注重启发与引导的延展度，并随时给予学生科学方法的指导。一般的，综合实践活动的教学流程基本可以概括为五个步骤，如图 7-4 所示。

①创设情境，提出问题，激发动机。

数学问题的有效教学与情境密切相关。合理有效的情境不仅能拉近抽象的数学问题与学生之间的距离，而且能够激起学生积极参与学习的态度与兴趣。数学综合实践课不仅紧扣教科书的知识点，也是课本的拓展与延伸，教学的目的在于培养学生综合运用有关的知识与方法解决实际问题，培养学生的问题意识、应用意识和创新意识，积累学生的活动经验，提高学生解决现实问题的能力。所以，在活动中创设真实生动、科学合理、深度有效的、与实际生活紧密联系的情境是最重要的前提。著名教育家苏霍姆林斯基说："在人类心灵深处，有一种根深蒂固的需要，希望自己是发现者、研究者和探险家。"所以，教师在组织教学过程中要注重引导学生善于发现问题、提出问题，充分发挥"问题"在综合实践活动中的核心作用，并激发学生自身的学习主动性。当学生对情境中提出的要解决的问题有了初步了解之后，便可以进一步提出更为具体的数学

创设情境，提出问题，激发动机

（在实际生活情境中提出研究问题，激发学生参与学习的动机）

⬇

布置研究任务，明确方案步骤

（鼓励学生充分的做好研究准备，保证学生的全面真正参与活动）

⬇

确定探究形式，实施探究过程

（鼓励学生合作探究交流，并注重全员参与性，注重过程评价）

⬇

注重问题的延伸，保证充分的探究空间

（推广探究结果，注重学生对问题的质疑，引出新的探究空间）

⬇

总结归纳并反思，解决实际问题

（在归纳与反思中培养学生综合实践能力与多元素养）

图 7-4　数学综合实践活动教学过程

问题。

②布置研究任务，明确方案步骤。

教师确立综合实践活动需要解决的基本任务，并组织学生细化解决问题的探究步骤。有时我们也需要教师在活动开展之前提前布置相关的准备工作，综合实践活动强调的是学生的主动参与，教师可以鼓励学生走出教室、走出学校去调查、记录、访问及参观等实践活动，可以让学生提前收集与解决课题问题相关的资料、图片、图表及其他信息，也包括解决问题的多种数学方法等。只有做好充分的准备工作，才能使综合实践活动课堂发挥效率，有效提升学生总结、归纳、交流、辨析等综合实践能力。在确立任务步骤时，要保证步骤的清晰性与可操作性，要让所有的学生都能够真正参与，防止出现表面热闹繁荣的课堂，而部分学生却并不清楚在做什么。

③确定探究形式，实施探究过程。

在数学综合实践活动的探究过程中，可以根据要研究问题的特征与性质来确定具体的探究形式，如个人独立探究、小组合作探究，或是两种形式相结合。在探究的过程中，教师既是指导者也是参与者与合作者。教师应该关注每个小组的探究过程，及时给予帮助与提示。同时，更应关注每个学生在实践活动中的具体表现，要对学生的思路与观点给予肯定或指正，及时提供适当的指导与协助。在综合实践具体的实施过程中，教师在保证与学生进行师生互动的同时，也要鼓励生生交流互动，提高与他人相处的能力。在小组合作后，可以进行组内交流与评价，并设计好评价表格，让学生对组员的团队合作情况进行过程评价。如，可以针对组员的贡献、表达交流、任务完成情况等指标进行打分评价。这样做的目的是让学生对数学活动经验进行积累，每位学生都会有成功的体验，也会有失败的感悟，只有促使其主动反思，才能对活动经验进行有效的积累。

④注重问题的延伸，保证充分的探究空间。

综合实践活动中的问题解决是以问题解决的教学理论为指导，以问题为中心展开综合实践活动，以问题开始，又以新问题的产生结束。在活动探究过程中，教师不应该将探究出的问题结果作为研究过程的结束，而是应该在科学合理的学情分析的前提下，把问题的探究结果进行推广、引申或变式。同时，教师也要重视课堂上学生对研究问题方案的质疑或者不同的观点，教师对学生提出的疑问不应该视而不见，而是应该鼓励大家共同探讨，或者将讨论延伸到课外。对于同一个问题学生提出的不同方案，教师应引导学生进行对比，让学生归纳总结，在彼此的思想交流碰撞中，深化对知识的理解和方法的运用。

⑤总结归纳并反思，解决实际问题。

总结归纳是能够让学生将综合实践活动的经历提炼为学习经验和方法的方式之一。学生可以通过总结活动来了解自己在整个活动中的优、缺点，及其结论的正确性，同时，也可以把一次活动中得到的活动经验与技能推广到其他应用领域中，这样学生的学习能力才能得以提高。同时，反思更是必不可少的环节，只有通过反思学生才能认识到自己的错误和不足，进而掌握合理、科学的解决问题的方法，建立思维的条理性。在学生进行归纳总结与反思汇报的同时，教师应该适时开展点评，充分发挥引导作用。在数学综合实践活动的开展过程中，教师应时刻注重引导学生认识数学在科学技术、社会发展等领域的作用，感受数学的价值，提升学生的应用意识和人文素养，并建立学生的理性思维。

(3)综合实践活动过程中应注意的问题

①注重培养学生走出"学校"以外的综合实践能力。

综合实践活动强调学生的主动实践，并且从根本上打破了传统的"教师""教材""教室"为中心的传统课程模式，在一些课题的要求下，鼓励学生走出教室、走出学校进行调查、访问、参观等实践活动。所以，教师应教会学生如何查询资料、收集信息、阅读文献等技能，并培养学生书写研究报告、记录原始资料等的综合实践能力。

②注重合作式学习实践活动形式的培养。

教师还要让学生养成独立思考和勇于质疑的习惯，同时也要学会与人合作，建立严谨的科学态度和不怕困难的顽强精神。在数学综合实践活动中，小组合作往往是被倡导的活动方式，有时候会要求小组成员之间展开充分的合作，有时候也会要求小组与小组之间进行合作。教师在教学过程中应该注重学生合作经验的培养，特别是针对低龄的学生，由于其缺乏合作经验，很有可能在合作初期出现消极被动或者不配合、互相推诿、为我独尊等的突发情况，这时需要教师及时的指导学生如何在合作中学会与人协调，同时也要培养其充分展示自我的能力，逐步适应掌握与他人合作的学习方式。

③注重多元评价标准与体系的建立。

教学评价无论是对教师的教学效果还是对学生的学习成果都具有监督和强化的作用，但是数学综合实践活动的教学形式往往需要大家分组，由小组成员共同合作、大家集体来完成，学生在小组中分工不同，如果只把整个小组的评价成绩作为每位成员的个人成绩，这样肯定会影响学生活动的积极性，对教学的实施与效果有很大的负面作用。因此，我们应该建立多元的评价标准与体系。如，在以活动操作与实验操作来探究发现知识的综合实践活动教学中，教师应该注重过程性评价；在需要学生做调查的综合实践活动教学中，评价时不仅仅要求学生提交调查后的汇报总结资料，还应该制定详细的调查表现评价标准，让学生能够互评彼此在调查过程中的表现，并指出优、缺点，这样才能彼此借鉴经验，达到互相学习和帮助的目的；在需要设计或者制作作品的综合实践活动教学中，教师可以在教师或者其他空间展示学生的活动成果，进而对学生的学习起到推进与激励的作用。当然，综合实践活动的开展形式非常丰富多样，根据具体的实施形式来灵活制订多元的评价标准，既要对小组的整体成绩做客观公正的评价，也要兼顾每一位同学的个性化表现，这样才能让学生积极参与每一次的活动过程，进而达到一个良性的循环。

下面我们将用一个项目式学习的教学设计案例来展现数学综合实践活动的教学过程。

案例："数列在实际生活中的应用"教学设计①

一、项目名称

"苏老师"买房记——数列在实际生活中的应用。

二、项目课程背景

(一)教材内容分析

本课是人教 A 版数学必修 5"第二章数列"中 2.5 节的应用举例。这是一堂

---

① 本案例由青岛第三十九中学古佳文提供。

关于数列应用探究课，利用探究式学习培养学生数学建模能力和数据处理能力。为能让学生切身体验数学在生活中的重要性、普遍性，也为了更有说服力，本教学设计以热播电视剧《都挺好》为背景，由此设计问题，应用数列通项公式及数列求和公式解决有关问题，以便能达到在实际问题中熟练应用的效果。同学们在学习时要注意的是在某种实际问题下哪种贷款方案可以运用，哪些不可以运用，并分析可运用方案的合理性。

(二)学情基本分析

学生已经学习了高中数学部分内容，已经有了必要的数学知识储备和一定的数学思维能力；作为高一年级学生，已经具有了必要的生活经验。因此，可以通过生活中的例子引入如何用数列通项公式及数列求和公式解决实际问题。让学生自然而然地接受一些处理实际问题的方法，这样，学生既学习了知识，又培养了能力。

(三)教学目标设定

1. 能运用等差数列、等比数列解决简单的实际问题和数学问题；

2. 探究购房贷款问题的方案和实际意义；

3. 感受数学模型的现实意义与应用；

4. 了解等差数列与一次函数、等比数列与指数函数的联系，感受数列与函数的共性与差异，体会数学的整体性；

5. 能对设计的方案进行科学论证与推导；

6. 利用项目式学习的流程及其作用，体会如何通过项目式学习，学会将实际生活中问题转化为数学问题，从而从数学视角重新认识和解决问题。

(四)教学重点和难点

重点：等差数列、等比数列通项公式及前 n 项和公式的应用。

难点：等额本金、等额本息月还款公式和还款总额的推导及应用。

三、项目课程实施

(一)项目导入与实施(10 分钟)

1. 导入方式

通过展示学生制作的微视频，引出本节课的任务——购房贷款问题，并引导学生思考如何设计方案，以及在生活中有哪些应用。

2. 项目任务目标

(1)归纳推导等额本金和等额本息月还款公式和还款总额公式；

(2)设计购房贷款的方案，能进行科学论证和评价；

(3)应用所学内容对不同购房贷款问题进行运算。

课前准备：针对三个问题，进行文献收集，利用课下时间去走访银行、制作课件、视频。

3. 分组实施（课下完成）

学生以小组（不超过 10 人）为单位完成任务，支持自由组队。每个小组都需要全员参与，小组领取任务工作单，填写后汇报给老师。

数学项目式教学——"购房贷款"任务单			
班级		组长	
组内成员			

项目基本信息：

　　数列在实际生活中有很多应用，例如生活中购房问题，目前刚需型购房、改善型购房仍为热门话题，大部分人全款买房显然是力不从心，贷款购房为购房中常见的手段，因此我们对购房贷款问题进行研究。

组员分工情况

请按照以下内容开始你们的项目，根据完成度，进行小组内自评，较好 8～10 分，一般 5～7 分，较差 5 分以下。此分不计入最终成绩，请如实打分。	请打分
项目任务1：查阅并介绍购房贷款常用的贷款类型； 项目任务2：常用商业贷款介绍； 项目任务3：商业贷款公式的推导； 项目任务4：解决"苏老师家的购房问题"； 项目任务5：分析不同商业贷款方式产生差额的原因； 项目任务6：商业贷款模型的对比； 项目任务7：提前还款适宜性探究。 （任务1，2，3为课前完成，任务4，5，6，7课堂上完成）	

请记录过程中遇到的问题	小组想到的解决方案

项目学习心得（团队合作情况、组员的贡献、表达交流、任务完成）

（二）项目教学过程（35 分钟）

课前准备：收集不同贷款方式，走访银行，整理资料，分析展示。

1. 项目背景

数列在实际生活中有很多应用，例如生活中购房问题，目前刚需型购房、改善型购房仍为热门话题，大部分人全款买房显然是力不从心，贷款购房为购房中常见的手段，因此我们对购房贷款问题进行研究。视频展开本节课的探究，以生活中的实例，视频和图片来创设教学情境，既能引起学生学习数学的兴趣，又能让学生知道数学在实际生活中的重要应用。

2. 项目提出

问题 1：苏老师看中了一套 300 万元的房子，但只能负担得起 180 万元的首付，剩下的 120 万元需向银行贷款，通过咨询目前月利率为 0.408 3%，欲 15 年还清，应该用何种方式支付呢？

还款方式	等额本金	等额本息
含义	在还款期内把贷款数总额等分，每月偿还同等数额的本金和剩余贷款在该月所产生的利息。	借款人每月按相等的金额偿还贷款本金和利息。
利息计算	按单利计息，只有本金产生利息，计算未支付的贷款利息不与未支付的贷款余额一起计算利息。	按复利计息，复利是指在每一个计息期，上一个计息期的利息都将成为生息的本金，即以利生利，也就是俗称的"利滚利"。

3. 寻找并展示方案

方案一：等额本息

在还款期内，每月以相等金额偿还本金和利息。初期以偿还利息为主，本金较少，以后每月要偿还的利息逐步减少，本金逐月增加。

方案二：等额本金

在还款期内把贷款数额等分，每月偿还同等数额的本金和剩余贷款在该月所产生的利息。

4. 建立数学模型

5. 项目延伸

结合教学目标突出项目收获，让学生既明确关联数学知识点，同时理解数学原理在实际生活中的应用。引出下面若干问题，鼓励学生继续思考并探索。

(1)如果苏老师的二儿子苏明成买房,应该选取哪种贷款方式呢?

(苏明成月工资 10 000 元左右)

(2)如果苏老师的大儿子苏明哲买房,应该选取哪种贷款方式呢?

(苏明哲月工资 15 000 元左右)

(3)如果苏老师欲在五年出售房产,请你帮忙算一算,应该选择哪种贷款方式?

6. 课堂小结:①本项目学习的知识收获;②项目式学习的经历和感悟。

教学环节	教师活动	学生活动	设计意图
任务 1 展评:查阅并介绍常用的购房还款方式。	小组组内交流,选派 1 名代表讲述自身针对任务 1 的调研结果。	学生代表展示收集到的贷款类型。	学生从亲身动手实验的过程中得到的结论,记忆更持久,激发学习热情与动力。
任务 2:常见购房贷款方式月还款公式和还款总额公式的推导。	请同学们展示、分析介绍常用的商业贷款类型及概念。	学生以查阅资料、走访银行、咨询父母等方式,查找商业贷款的类型及概念。	培养学生解决问题的能力。
任务 3:解决"苏老师家的购房问题"。	学生在课上讨论后小组派 2 名代表上台展示本小组推导的公式。	学生上台展示,给出等额本金、等额本息月还款公式及还款总额公式,解决推导过程中遇到的问题。	数学源于生活,生活依靠数学,本活动充满趣味性,学生通过当堂学习的知识解决生活中的问题,加深了对知识点的印象,同时也提升了对数学的感悟,使学生对于学习数学的重要性理解得更为深刻。
任务 4:分析不同贷款方式产生差额的原因。	教师核对学生计算的数据,并引导学生分析差额的原因。	学生借助计算器计算两种方式下贷款的总金额。	学生进行跨学科整合,提高运算能力、分析问题的能力。

续表

教学环节	教师活动	学生活动	设计意图
任务 5：常见贷款方式模型的对比。	通过变换问题方式，层层递进引导学生分析问题，引出两种贷款方式分别适合何种人群。	学生小组讨论，探究，归纳总结。	通过层层递进，不断地变化问题，锻炼同学们的发散思维能力。
任务 6：提前还款适宜性探究。	引入生活中常见的提前还款问题，引导学生思考新问题。	小组讨论，从不同的角度分析问题，给出结论。	通过与经济学的整合，增强学生解决问题的能力，提高了学生的学习素养，体验数学应用价值。

（三）教学反思

研究活动让学生选择感兴趣的项目，合作探究，利用信息，借助工具，深入调查，多方面研究，最后得出研究结果。这个活动加强了学生的合作精神，也使得我们变得更有耐心。学习过程中将信息学、经济学与数学进行整合，提高学生的学习素养，体验数学应用价值。让学生深刻体会到"数学知识源于实际生活，又为实际生活服务"。

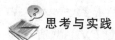

思考与实践

1. 数学问题和数学问题解决的含义是什么？

2. 选择一个课题内容，做一个数学问题解决的教学设计。

3. 除了问题解决数学综合实践活动模式外，还有哪些其他的实施形式？

4. 选择一个合适跨学科的实践活动主题，做出一个完整的教学设计。

拓展资源

1. 教学设计文本案例："停车距离问题"教学案例（温州市第八高级中学 李雪纯）。

2. 教学设计视频案例：三角函数模型的简单应用（青岛第三十九中学 李元基）。

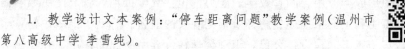

第8章 基于数学素养的单元教学设计

陈老师刚入职时是在同年级组专家教师的指导下进行备课的。对于新手教师而言，在教学设计时对教学内容的安排和整体进度推行做到游刃有余是有困难的。因此，不妨试着将一个章节的内容，或者一个主题的内容作为一个教学单元，从整体的角度来规划和设计教学，这对新手教师主动理解课程标准的要求、把握教材的整体思想、了解知识点的前后衔接、洞察学生的知识储备都很有帮助。

当教师站在更高的地方获取更多的信息时，便不会再对某一节课的内容和进度患得患失，而会以更全面的角度进行判断，充分考虑知识技能的传授、思想方法的渗透和数学素养的形成，灵活调整教学，达到更好的教学效果。

8.1 单元教学设计的内涵

数学是一个严密的逻辑体系，数学知识的整体性、连贯性是数学学科的基本特点。数学学习特别需要从整体上把握数学知识体系、思想方法，只有这样才有利于发展学生的数学关键能力与综合素养。

1. 数学素养概述

在数学教育领域，"数学素养"一词其实有很多不同的解释。例如，在国际学生评估项目（Programme for International Student Assessment，PISA）2018中，数学素养（mathematics literacy）沿用了 PISA 2012 中的定义，即"个人在不同的情境中形成、应用、阐释数学的能力。包括数学推理，以及使用数学概念、过程、事实和工具来描述、解释及预测现象的能力。有助于个体作为一个关心社会、善于思考的建设性公民，识别数学在世界中所起的作用，并作出有根据的数学判断和决定"。从 PISA 给出的定义中不难看出，数学素养是一种能力，强调培养学生的数学素养，其实是数学教育的知识本位转向能力本位的一种教学理念。PISA 所定义的数学素养强调在情境中建立数学模型的重要性，将学生看作积极的问题解决者（an active problem solver），在解决问题的过程中，需要经历形成（或"建模"formulate）、应用（employ）和解释（interpret）数学的过程。

而在中文里，素养一词与能力似乎不能完全等价。《普通高中数学课程标准(2017 年版)》中明确指出"数学学科核心素养是数学课程目标的集中体现，是具有数学基本特征的思维品质、关键能力以及情感、态度与价值观的综合体现"，由此可见，我们对素养的理解不仅限于能力，还包括品格、情感、价值观等方面的培养。《普通高中数学课程标准(2017 年版)》进一步提出中国学生在数学学习中应培养：数学抽象、逻辑推理、数学建模、数学运算、直观想象、数据分析等核心素养。因此，在数学素养导向下的教学应以学生知识、能力、思维、品格等多方面发展为要务，回归教育的基本目的——"育人"，即促进学生的长远的发展，而能力、素质、素养，就是实现这一目标的中介。

2. 数学素养导向下的整体教学观

素养导向的数学教学，需要对数学知识进行整体分析，把握数学知识的本质，从数学发生发展的历史、数学体系、学生学习的认知发展等方面综合对知识来源、形成过程、发展以及应用等方面进行教学加工。问题导向的设计，让学生经历数学抽象、运算、推理、建模等过程，让学生的学习过程成为在教师引导下的"再发现"过程。

首先，数学单元教学设计关注知识的整体性，更关注不同部分的关联性，考虑不同模块和内容领域下各阶段、各课时的衔接性。《普通高中数学课程标准(2017 年版)》中课时分配建议以主题、单元的形式呈现课程内容，在实施建议中进一步明确教师应理解不同数学学科核心素养水平的具体要求，不仅关注每一节课的教学目标，更关注主题、单元的教学目标，明晰这些目标对实现数学学科核心素养发展的贡献。能力和素养目标一般是不能通过一节课教学来实现，需要一个中长期的培养过程，主题、单元则顺势成为整体设计的载体。

其次，单元教学设计也依赖于数学知识内在的逻辑性与系统性。数学的知识、方法和思想具有高度的逻辑性和系统性，而学生的学习也需要统筹兼顾、整体规划科学有效的学习过程。从教材的角度出发，其内容的编排呈现螺旋式上升的结构，在兼顾学生认知水平的同时体现了数学学科的内在逻辑。从教学的角度出发，单元教学设计将数学的整体性与过程性相结合，有利于从微观和宏观多种层面培养学生的数学核心素养。

此外，基于数学教学设计的实践发展性，单元教学设计也有其优越性。优秀的数学教学设计不可能一蹴而就，也不可能一劳永逸，它是一个不断完善和在实践中动态发展的过程。数学单元的教学设计给教师调整课堂教学任务、反思教学节奏和内容的动态发展提供了更多可能和操作空间。教师通过团队合作，集思广益，对数学单元教学进行统筹规划，在教学过程中不断优化方案，避免课时教学的僵化和机械性，使教学设计在实践过程中不断完善和发展。

3. 单元教学设计及其特点

在以课时或具体某一章节为单位设计教学时容易把教学内容碎片化，不利于学生掌握系统的学科知识，从而造成知识内容之间的割裂，不利于学生认知建构的循序渐进，还容易陷入对具体知识和技能训练过分关注的误区，忽略对知识、方法与思想的系统性概括。单元教学设计区别于以课时、章节为单位的教学设计，是从某个知识主题或一个单元的整体出发，从数学知识主线、核心知识主题，基本数学思想方法以及学生数学素养的长远发展等方面，综合考虑学生学习的过去、现在和未来的不同阶段，完成一个相对完整的单元教学规划。

这里的单元指的是一个课程单位或学习单位，它有别于传统意义上的内容单位，如初中二元一次方程，高中等差数列、等比数列这些具体的单元。我们所讨论的单元是指以培养学生的数学核心素养为目标，以全局的、系统性的视角重新整合数学知识内容主线，把握数学思想方法的整体性来构建一个完整的、以数学核心内容、核心概念为统领的，形成的一个相对独立的数学知识结构。如三角函数、圆锥曲线（而具体的某一种圆锥曲线或很小的教材章节，一般不作为单元教学设计中的单元来研究）。

数学单元教学设计的依据首先源于课程标准的理念要求。《普通高中数学课程标准(2017年版)》将高中数学课程内容模块化，《义务教育数学课程标准(2011年版)》将义务教育阶段的教学内容分为数与代数、图形与几何、统计与概率、综合与实践四个领域，对教学内容的安排有明显的整体性。

在了解了数学单元教学设计的内涵和依据的基础上，对于设计一个完整的教学单元，以以下几个方面作为出发点。

(1)课程内容的整体性：数学课程设计应是一个整体，且具有连贯的结构。这种结构的形成由数学知识结构和学生的认知结构为依据建立起来的。将教学活动中的每一个环节都纳入整个单元的教学规划中考虑，以优化学生的认知结构为出发点来设计教学。

(2)学生的主体性：在单元教学的设计中，围绕某一知识主题充分为学生提供完整的学习时间，有利于学生知识整体性的建构，学生能够形成以核心知识为连接点的知识网络，明确单元主题和学习材料、教学活动之间的关系。

(3)教学的灵活性：教师基于单元教学设计的主题和基本思想，可以根据学情和教学反馈对教学方案进行及时调整，不再拘泥于某一细枝末节的得失，而是关注重点任务和整体进度的教学。

（4）活动的多样性：在同一知识主线的单元教学中，可以从综合的角度出发，整体设计教学活动，教师讲授、学生独立作业、自主学习与探索，合作交流与展示等，让学生在一个完整的数学活动、问题解决的过程中经历丰富的数学活动，积累相关数学活动经验，在纵向的深度学习中培养数学素养，探究和创新精神。

8.2　基于数学素养的单元教学设计

首先，从一般教学的设计流程看，单元教学的设计要从确定单元的核心概念、数学思想方法入手。例如，函数与方程、等式与不等式、有理数与无理数、相似与全等等这些概念是怎么来的？含义是什么？在从整体设计单元教学的时候特别需要注重这些核心概念的教学，教师和学生都深度理解核心概念，弄清概念的来龙去脉。数学思想方法设计，往往不是通过一节课来反映的。例如，数形结合、数学抽象、归纳等，一般需要在教学中循序渐进地让学生感受、领悟、运用数学思想方法，这就要求教师在确定核心概念的教学之后，将其中蕴含的思想方法在一个单元的教学中逐步铺垫，让知识内容的教学与思想方法的教学有机结合起来，从而达到培养学生以数学的眼光发现、解决问题的能力。

其次，教师需要分析单元涉及的教学内容、核心素养和课程标准的相应要求。从数学学科体系的本身来研究，教数学首先要能够很好地理解数学。如数列，如何从函数的观点来认识数列？数列在现代数学的研究与发展中有什么作用？教师研究课程标准对相应内容的表述时，要理解相关内容前后关系，以及不同学段的要求。如，在初中、高中讲统计的时候，有什么不一样？重点有什么不同？课程标准中的内容及其要求分别是什么？与此同时，也要关注课程标准中对落实数学核心素养的要求，在一个学习单元中至少要包含 1～2 个学科核心素养。

再次，根据学生情况描述单元的多层次教学目标。根据数学课程标准中的表述，可以将学业水平要求分成不同水平。在知识掌握与理解深度、运用综合性以及能力与素养的要求上可以用不同的程度副词来刻画。

此外，教师还需设计单元的课时划分、教学环节和活动任务。关于单元课时划分在教学设计一直是有的。教学环节和活动任务从单元的角度来考虑，就有了更大的灵活性了。如一个单元开始时提出一个任务，后面解决。合作问题，基于项目的学习任务，多节课、课内外（展示、调研）完成。预设学生反馈及其学习成果。

最后，为单元整体的学习设计评价方式。让评价形式的多样化，素养导向的评价可以更好地落实。从形式上来讲，就可以不只局限于单一的通过试题、纸笔考试。可以通过学生汇报、学生自己进行总结来进行。测试题的考查，可以综合的考虑整体的、系统的数学知识的灵活运用。可以考查如何从实际问题情境中发现问题、提出问题，分析问题与解决问题的能力。这也是当下考试评价改革的走向。

可以对学生进行有真实情境介入的评价任务，情境可以是生活的、科学的、学科的，该任务及其情境可以作为中心问题贯穿单元始终，其检测目标不是"做题"的能力，而是"做事"的能力，即解决实际问题的能力，形式不限于纸笔测验，让学生经历"情境问题—数学问题—数学模型—数学结果—情境结果"的全过程来达成对其数学素养的测评。

综上所述，学习单元的内容主线要有中心性，难度要有层次性，环节要有连贯性。例如，在新课学习阶段，可以根据学习主题下的内容来确定单元的核心概念，如函数主题下，可以划分为"函数的概念与性质"（表8-1）、"基本初等函数"等学习单元。在一个单元的起始课中，教师应带领学生总览单元学习内容，了解学习框架和结构，有利于学生对所学内容的系统性把握。单元的最后要安排知识的总结归纳，技能的综合运用，以及真实情境的问题解决等提升性内容。

表 8-1　函数单元教学设计

序号	内容	课时	核心素养
1	单元整体介绍	1	—
2	函数的概念	1	数学抽象
3	函数的表示	2	数学抽象
4	函数的单调性	2	逻辑推理、数学运算
5	函数的奇偶性	2	逻辑推理、直观想象、数学运算
6	问题解决、单元小结	2	数学抽象、数学运算、数学建模

在综合复习阶段，单元主题的确定可以更加灵活，可以根据问题的类型进行整体，形成复习专题，如极值问题；或者采取跨章节组合单元内容，挖掘不同内容中蕴含的相同的数学思想方法。例如，在综合复习函数专题时，就可以将不同单元学习的有关函数的模型的内容，进行梳理、打通和提升。高中数学

研究函数的基本方法是：定义、解析式、定义域、值域、性质和应用。幂、指、对三角函数则是基本的初等函数。而等差数列、等比数列是两种离散型变量的函数模型，需从函数的观点来看等差、等比数列。这样就可以将研究一般函数的方法迁移、类比到研究数列上仍然适用，有利于学生全面理解、整体把握数列的函数特征（表 8-2）。

表 8-2　高中基本函数模型的研究与应用

序号	内容	课时	核心素养
1	映射与函数	1	数学抽象、逻辑推理
2	函数的性质	3	逻辑推理、直观想象、数学运算
3	指数函数、对数函数、幂函数、一次函数、二次函数、三次函数、双勾函数、导数	15	逻辑推理、直观想象、数学运算
4	三角函数	3	逻辑推理、直观想象、数学运算
5	等差数列、等比数列	4	逻辑推理、数学运算
6	函数的综合应用	3	直观想象、逻辑推理、数学运算、数学建模

8.3　基于数学素养的单元教学设计实施

　　新版本的教材，在每一章的开头都有一个相似的设计，即教材在每一章的起始都有一段话，还有与内容配套的图片，有的教材还有与之相应的名人名言和诗词。这些内容与一般教学内容不同，不是以单独课题出现，而是放在一章之前，成为一章的起始内容。明确单元规划之后的第一课是统领整个单元的重要环节，因此，这一节我们将以一个章节起始课的教学设计为具体案例，展示单元教学设计的方法和实施过程。

　　章节起始内容的作用主要体现在以下几个方面：首先，章节起始内容发挥着先行组织者的作用，揭示本章要研究的数学知识及知识的背景来源，便于学生整体把握本章的知识体系。其次，通过问题（项目）引领，让学生感到数学是有用的，数学就在我们身边。此外，渗透本章节的基本数学思想方法，有助于学生学习全章知识，提高学生的学习效率。最后，有效地激活学生的已有认知，以学生的已有认知作为新知的重要生长点，建立新旧知识之间的联系。

案例:《不等关系》章节起始课的教学案例①

一、教学目标

作为起始课,通过"感受不等""思考不等""应用不等"的宏观感受,让学生体会到在本章学习的认知方向:抽象出模型——研究模型——应用模型。通过引例,让学生经历从自然语言向符号语言的转化过程,这正是后面学习中建构不同的"不等模型"的热身训练,为后续学习提供了可操作的思维程式。

二、学生学情

学生在学习本章之前,已有研究"相等关系"的经验。用"相等关系"建构方程(组)的经验作引子,诱发学生通过"不等关系"来建构相应的不等式(组),让学生在已有认知经验下进行同化与顺应的心理活动。

三、教学过程

活动一 初步感知、浮现架构

"我们欣赏数学,我们需要数学。"——陈省身

1. 展示图:苏州"东方之门"(图 8-1),让学生感受直观不等。

图 8-1 东方之门

师:看到图 8-1 有什么直观感受呢?

生:感受到"会当凌绝顶,一览众楼小",看到了楼房的高低不等。

2. 展示图:身高、体重真的一样吗(图 8-2)? 让学生思考不等。

师:这两个武警身高、体重真的完全一样吗?

生:要是精确到毫米,甚至纳米,那么两个人的身高就不一样了。

---

① 丁益民. 章节起始课"不等关系"的教学与思考[J]. 中学数学月刊,2016(1):41-44.

图 8-2　阅兵

师：很好！说明在现实生活中"相等关系是相对的，而不等关系是绝对的！"不等现象普遍存在于我们生活之中！

3. 展示图：中国古代运用"不等"现象与杠杆原理制作的器械（图 8-3），让学生感受不等在生活中的运用。

图 8-3　古代生活器械

师：我们的祖先就已经智慧地将不等关系和杠杆原理运用到生活中去了，制作了方便于生活的器械，如捣谷用的"娄"和提水用的"桔槔"。

图 8-1～图 8-3 让我们一起经历了"直观不等现象——思考不等关系——运用不等关系"的应用，这就是我们学习"不等关系"的原因。

活动二　低处入手、形成范式

问题 1：如何将实际生活中的"不等关系"数学化？

师：我们已经学习过很多相等关系，能根据相应的等量关系列出方程

(组)，同样的道理，我们也能够根据某些不等关系列出不等式(组)。

完成下列填空，并归纳出将不等关系数学化的基本步骤。

(1)我国《道路交通安全法》第 91 条明文规定：血液酒精 c 含量超过 20 mg/mL 但不足 80 mg/mL 的为酒驾，达到或超过 80 mg/mL 的为醉驾。

"不等"意义词语＿＿＿＿＿＿；

数学表达式＿＿＿＿＿＿＿。

(2)某品牌乳饮料的质量检查规定，乳饮料中脂肪的含量 m 应不少于 2.5%，蛋白质的含量 n 应不少于 2.3%。

"不等"意义词语＿＿＿＿＿＿；

数学表达式＿＿＿＿＿＿＿。

(3)设点 A 与平面 α 的距离为 d，B 为平面 α 上的任意一点，则 d 不大于 AB。

"不等"意思是＿＿＿＿＿＿；

数学表达式＿＿＿＿＿＿＿。

总结思维过程，形成思维程式：找不等关系词→可比较的量→用不等关系表示。

活动三　学习实践、构建模型

为了更系统地研究不等关系，需要研究基本的"不等模型"。

问题 2：有哪些基本的"不等模型"呢？

春暖花开，适宜踏青，我们开启一段"踏青之旅"：

情境 1：班级打算周末组织同学去苏州上方山公园踏青，已知门票为每位 50 元，40 人以上(含 40 人)时可以打 8 折，经统计参加人数不足 40 人。

现在有两种购票方式：一是按照 40 人购团体票，二是按照实际人数购票；哪种购票方式花费更少？（只列式不求解）

教师引导分析与示范：

(1)实际问题提取信息

表 8-3

票价/元	人数/人
50	<40
50×0.8	≥40

(2)解决什么问题？

更"少"所指对象：团体票总价与个体票总价；若前者更"少"，则得到数量关系：团体票总价＜个体票总价。

(3)将数量关系转化为表达式：

解：设实际参加为 $x(x<40, x\in \mathbf{N}^*)$ 人，

$50\times0.8\times40<50x$（一元一次不等式模型）。

情境2：买好票进了公园，管理员又给大家出了一个问题：

公园若以每人 50 元的价格出售门票，每周约有游客 2 万人，经过调查，如果采取促销方案，价格每降低 1 元，游客数则会增加 1 000 人，若门票降低了 $x(x\in \mathbf{N}^*)$ 元，要使公园的门票收入大于 120 万元，x 应定在什么范围内？

学生模仿以上过程，自主讨论与研究：

(1)找量：

票价/元	人数/人
50	20 000
$(50-x)$	$(20\,000+1\,000x)$

(2)找关系：总收入＞120 万元。

(3)列式：$(50-x)(20\,000+1\,000x)>1\,200\,000$（一元二次不等式模型）。

情境3：游玩了半天后，来到公园餐厅，能否帮厨师解决这个问题呢？

公园的绿色餐厅营养快餐由甲、乙和丙三种食物混合而成（维生素含量如下）。

食物	维生素A	B族维生素	总质量/kg
甲	300	700	x
乙	500	100	y
丙	300	300	z

厨师现在欲将三种食物混合成 100 kg 的食品，要使混合食品中至少含 35 000 单位的维生素 A 以及 40 000 单位的维生素B，设甲、乙、丙各有 x kg、y kg、z kg，那么 x、y 应满足怎样的关系？

师生共同分析与探究：

(1)认真阅读文本信息和表格信息，读懂问题，弄清题意。

(2)找关系：（不要忽略实际问题的隐含条件）

总重量＝100，

维生素 A 的含量≥35 000，

B 族维生素的含量≥40 000。

（2）列式：

$$\begin{cases} 300x+500y+300(100-x-y)\geqslant35\ 000, \\ 700x+100y+300(100-x-y)\geqslant40\ 000, \\ x,\ y\in(0,\ 100)。 \end{cases}$$

（二元一次不等式组模型）

师：在本章的学习过程中，我们还将遇到将实际问题数学化，探求出相应的"不等模型"，我们还将经历上面学习的思维链：找不等关系词→可比较的量→用不等式表示

活动四　训练巩固、承上启下

巩固训练：由于是起始课的巩固训练，因此在选题上不宜太复杂，可选用教材中的相应的练习题，重要的是体现出学生进行巩固训练的针对性与目的性。

问题3：如何用数学的知识证实结论的准确性呢？

已知 b g 糖水中有 a g（$b>a>0$），若再添加 m g 糖（$m>0$），则糖水变甜了。试根据这个事实写出 所满足的不等关系。

学生自主分析（仿上进行）

生活常识："变甜"即糖的浓度变大，添加后的浓度＞之前的浓度

数学表达：

$$\frac{a+m}{b+m}>\frac{a}{b},$$

$$(b>a>0,\ m>0)。$$

据上可知，有了数学模型，如何用数学的眼光来研究呢？

学生讨论、交流，用作差法进行比较，最后教师板书过程。

师："做差法"是比较大小的基本方法，巩固训练的解答过程是我们完整认识"不等模型"的过程：从生活中感受模型到建立模型，再去研究模型进而解释生活现象，这正是我们学习本章知识的目的。

《普通高中数学课程标准（2017年版）》和所用教材都在不等关系的内容中指出，不等关系是数学中最基本的数量关系之一，是构建方程、不等式的基础；在教材中"不等式"这一章的首页还明确提出让学生感受日常生活、生产实际和科学研究中的相等和不等关系。因此，作为章节的起始课，创设利于学生理解不等关系概念的情境是必要的，对整章的学习起到上位的先行组织作用。就上文所选案例而言，先通过"感受不等""思考不等""应用不等"的宏观感受，让学生体会到在本章学习中认知方向：抽象出模型——研究模型——应用模

型，这正是学习所有"不等模型"的通用历程。合适的情境是学生学习的"方向仪"，是整章内容"剧情简介"，对学生的学习方式的指导有着重要的意义。教学目标的设置也考虑到作为章节起始课的作用——体会不等概念、明确学习方向、渗透模型思想。根据《普通高中数学课程标准（2017年版）》的指导思想，学生情况的分析关注学生的已有的知识和经验，让学生类比已经学过的相等关系，顺理成章地完成对不等关系和不等模型探究和学习。

新知识的学习需要循序渐进的过程，尤其是在起始课中要渗透统领全章的思想方法，必须设计好适宜的梯度和台阶，让学生真切地经历"攀登"的过程。就所选案例而言，一开始用"相等关系"建构方程（组）的经验作引子，启发学生通过"不等关系"来建构相应的不等式（组），让学生在已有认知经验下进行同化与顺应的心理活动，这是抽象出"不等模型"的起点。接着通过简单的引例，让学生经历从自然语言向符号语言的转化过程，这正是后面学习中建构不同的"不等模型"的热身训练，为后续学习提供了可操作的思想和方法。通过"踏青"故事串联了教材中的三个实例，贴近学生生活实际，是对教材的"二次"处理。根据问题的难易程度和学生的认知基础，分别选择"教师引导与示范""学生自主探究""师生共同探究"等不同的教学方法进行教学，在条件允许的情形下充分体现以学生为主体的教学模式。

在前三个教学活动中已经反复明确了本章研究"不等关系"时的基本流程：抽象出模型——研究模型——应用模型，因而在巩固训练阶段，应让学生在这样的认知主线下进行训练，即首先建构出相应的不等模型（糖水变甜），根据流程，可让学生意识到接下去的学习任务是研究（分析）模型，引导他们思考从哪些角度去研究（分析）？如何研究（分析）？等，通过活动一的感知、活动二的引入以及活动三的学习实践，在巩固训练部分让学生自主再现所学内容，达到强化知识技能、回顾思想方法、积累相关活动经验、从而能够独立解决问题的教学效果。

思考与实践

1. 什么是一个学习单元？如何确定一个学习单元？
2. 数学素养是什么？
3. 在教学中怎么实施数学素养的培养？
4. 在单元主题的确定、教学目标、课时划分和教学环节设计等方面都考虑到数学核心素养的体现，那么单元教学的评价要如何体现出对数学核心素养测评？

5. 基于数学核心素养的要求，设计一个单元的教学目标。

 拓展资源

1. 教学设计文本案例：三角函数（江苏省泰州市教研室 石志群）。

2. 教学设计视频案例：分段函数的取值问题（江苏省张家港市沙洲中学 罗健宇）。

3. 喻平. 数学单元结构教学的四种模式[J]. 数学通报，2020(5)：1—8，15.

第 9 章　现代技术支持下的数学教学设计与实施

　　函数是中学数学课程中的一个重要概念。如何做好高中函数概念的教学设计有很多研究。可以运用开门见山的方式，通过复习初中函数概念，通过对已经学过的函数的分析，引导学生用集合的语言表述，进而得出高中函数的概念，再讨论定义域、对应关系、值域。也可以借助于现代信息技术，创设问题情境，通过炮弹飞行过程中高度和时间的关系、南极臭氧层空洞的面积和时间变化的关系等，引导学生积极观察、分析与思考，大胆探索，从实际问题中抽象出两个变量之间的关系，分析出其共同特点，进而归纳出函数的概念。经历概念的形成、发展过程，进而深入地理解函数概念。

　　哪一种教学设计效果更好？有人建议，日常教学应该采用第一种方式，节省时间，效率高。教学观摩评比、公开课必须采用第二种方式。

　　国内外使用信息技术支持数学教学已有很长时间，但其实践效果至今难以令人满意。自信息技术进入数学教学开始至今，在数学教学中要不要用信息技术，如何运用，教学效果如何，一直论争不断。从使用计算器对学生数学能力发展的影响、使用交互式电子白板对课堂教学效果的影响，到 PISA 测评中"使用计算机越频繁学生数学成绩越差"的发现，说明信息技术支持下的数学教学依然存在许多不成熟的地方，面临诸多困境。

　　然而，人类迈入人工智能时代，促进信息技术与数学教学"深度融合"，已成为数学课程改革必然走势，"恰当使用"是非常重要的，但如何使用才是"恰当"？

9.1　教育技术与数学教育

　　21 世纪以来，信息技术发展迅猛，在一定范围内的关于教育技术促进教育发展和学生学业也有不少成功的案例。2020 年的全球性的疫情，给学校教学带来变革，让人们真实感受到了互联网的影响。

1. 信息技术与数学教学"深度融合"面临的机遇与挑战

　　随着信息技术飞速发展，教育政策支持和资源投入，许多学校已经配备了

153

多种信息技术工具。如投影仪、电子白板、科学计算器、电脑、数学软件以及网络平台与资源等，教师和学生使用信息技术工具已经不再是非常困难的事情。大多数教师和学生已经充分认识到，信息技术为数学教学的核心要素之一，教学设计与实施过程，针对不同课程内容、学生个体特点、班级文化，创新多种信息技术使用方法与策略，有助于改善传统教学的不足，优化教学过程，实现课堂教学变革，提高教学效率和质量。教师、学生经常性、恰当使用技术有助于促进学生对数学意义理解，进行探索、猜想、推理，提升发现和提出问题、分析与解决问题的能力。

作为当代"数字土著"，学生们不断享受信息技术发展所带来的社会变革、生活方式的变革，以及面向未来发展所需要的基础素养和能力以及知识结构的新的变化，在信息化学习环境中去学习获得相应知识和能力，运用数学知识与方法，解决信息化环境中的问题能力，信息素养的提升已成为新时代每位公民的基本素养。而教育是当下的人员在培养面向未来所需要的人才，因此在很多方面的滞后是客观存在的。在数学教学实践中，由于受到传统的数学观以及数学教学观的影响，认为数学主要是通过"聪明的大脑"来思考和研究的，再加上数学考试方式（至少是在中国）是纸笔测试，因此，信息技术在数学的教学中还是作为可有可无的工具，或者在公开课时做一种点缀。信息技术徘徊于现实的数学教学的外围，或者就是使用也只是黑板搬家，对传统教学的内容和教学方式的复制和简化，并不认为是数学学习、数学研究的内在必然的需求。虽然大多数教师和学生在日常生活中离不开信息技术，但是由于考试中不能用信息技术，因而在教学过程中就很少将信息技术用于数学教与学，甚至认为，信息技术的使用会影响数学考试成绩，教师还是老老实实用粉笔＋黑板讲课，这更体现教师的"基本功"，学生用纸笔做数学题，更能"公平、公正"反映出学生的数学能力和成绩。因此，信息技术难以充分融入数学教学，表现出数学教学中信息技术少用甚至不用。现代数学的发展，已经从根本上改变了人们对数学的认识以及数学的研究方法。数学家 Conrad Wolfram 指出"数学是一门基于手工计算的学科，而这恰恰应该是计算机来完成的，人类应该使用机器进行更高水平的问题解决。数学课堂中技术的使用，学生可以模拟如何在现实环境中工作以解决问题，以培养学生面对现实生活挑战的能力"。

事实上，师生信息技术使用理念和方法的缺失致使信息技术应用"简单化"，信息技术工具所提供的优势没能得到充分发挥，表现在师生利用信息技术对传统课堂教学进行复制和延伸，没能从根本上变革数学教学过程与结构，没能充分发挥信息技术革命性影响。信息技术可以为学生开辟新的途径以理解数学知识并提供解决问题的新方法。这需要改变课堂教学中的教学方法。从学生参与学习的角度来看，需要对教师提供支持，使教师的教学能够建立在持续、可靠的研究的基础上。然而，教学理论和教学方法的缺失限制了教师能够创新性的使用信息技术，从而未能充分发挥信息技术的优势来变革数学教学，仅仅是利用技术对传统课堂的复制和延伸。

2. 数学教学软件和平台

(1)数学教学软件

数学教学软件主要是服务于数学的教和学的。GeoGebra，"Z＋Z 智能教育平台"等都是交互式数学软件。

GeoGebra 是一个免费的多语言的开源软件，也适用于不同平台的电脑、手机、平板电脑，目前在全球范围内影响最大，用户最多。可以应用于从小学到大学的数学和科学，将几何、代数、统计学和微积分应用等功能汇集在一起。人教 A 版和人教 B 版高中数学教材之中，都以 GeoGebra 软件为例，介绍利用信息基础探究函数关系。在人教 B 版的教师教学用书之中，更是在最后一个章节详细介绍了 GeoGebra 软件的功能和使用以及利用 GeoGebra 的不同功能进行计算与化简、展示数形结合、探索立体图形的形式、进行统计图表的绘制、进行概率分布展示和独立性检验。

GeoGebra 官方网站也提供了在线资源，资源由来自世界各地的用户自主开发，都可以免费应用或在此基础上进行二次开发。此外，还有很多有关 GeoGebra 的网络社交群组，成员们在其中分享 GeoGebra 教学资源，相互交流软件使用中所遇到的困难，这些平台中还会有成员发布有关 GeoGebra 的在线教研活动，为 GeoGebra 的推广和广泛应用扫清障碍。

(2)教学设备

电子白板是目前教学中常用设备，通常可以由一台投影机＋一个接收器＋一支电子笔＋一台笔记本电脑组成，将投影区域变成一个触摸屏，还能连接手机。可以手写、批注、复制、修改、隐藏、实时、涂色、录像，还可以脱机工作、编辑、调用相关内容。电子白板主要是以播放展示功能为主，使用电子白板最多的应该是老师，在课堂上起到很好的交互作用，既能让学生们了解到书本以外的东西，也能让老师的教学方式变得更加简单。

图形计算器通常指一种能够绘制函数图象、解联立方程组以及执行其他各种操作的手持计算器，大多数图形计算器还能编写数学类程序。由于它们的屏幕较大，因此也能够同时显示多行文本。一些图形计算器甚至有彩色显示或三维尺规作图功能。由于图形计算器可以编程，它也被广泛用于电子游戏。一些电脑软件也可以完成图形计算器的功能。

利用图形计算器，教师可以随时随地指导学生学数学，学生可以随时随地进行数学的实验、探索和研究。也就是说，图形计算器使学生拥有了一个"移动的数学实验室"，学生不仅能在课堂上用图形计算器学习数学，而且可以携带图形计算器，随时随地用来研究、解决数学问题，可以在课外继续进行自身的体验、探究和实践，因而有一个充分发挥自主性和创造力的空间。图形计算器体积小、携带方便，教师可以随时随地用于备课；学生可以不受地域限制，随时随地在实验环境中进行富有创造性的、个性化的数学学习活动。通过数据线或者无线红外端口，可以轻而易举地实现图形计算器之间的数据交换，也可以实现图形计算器与计算机之间的数据交换。

图形计算器是源于为数学教学服务，后来扩展到数理综合性的应用。跨学科性图形计算器的一大显著特点还体现在，它不仅仅在数学课堂教学中可以得到广泛应用，还可以通过数据采集器，以及各种理化探头，方便地进行多种物理、化学、生物等学科的实验，甚至可以进行用传统的理化实验尚不能完成的实验。

（3）"互联网＋"

互联网时代和各种移动设备的普及，数学教学的可支持技术还有一个很重要的要素——互联网，或者说是互联网上技术背后的资源，这为数学教学的支持提供了无限多的可能性。除了应用商店和门户网站上已经测试成熟的软件以外，还有各种论坛形式的好友社群，教师或学生们在这些社群中可以交流甚至分享自己开发的小程序。

搜索引擎除了引导用户直接进入相关资源（如百度文库）以外，还有一些专业的论坛网站（比如各省市区的教育局官网，课件论坛等）。网络和移动设备（尤其是智能手机）普及以后，各个论坛网站开发了自己的APP，因为微信等社交媒体的推广，资源的分享开始变得随时随地。互联网资源开始突破网页，借助社交媒体在各个移动终端流通。

此外，互联网打破了地理限制，中外很多学校开设公开课或分享教学资源，包括录制好的微课视频、教学设计、交互式动画等，这些资源除了论坛，在社交媒体如微博抖音，也有同行或爱好者乐于分享。教师在日常上网可以多加留意，善于收集教学中可以用的素材，在备课阶段可以考虑。

无论是技术还是资源，应用于教学中的时候，并不会对教师的教和学生的学做严格区分，因此教师除了在教学设计中的嵌入应用，还要注意鼓励学生善用网络资源，比如在命题教学中，对数学史的渗透如果无法在课堂的有限时间内展开，可以分享相关的网络资源，供学有余力或对数学有兴趣同学进一步探索。教师在这个阶段需要注意的是，无论是推送资源给学生还是筛选资源整合进自己的教学设计中，都需要对良莠不齐的网络资源仔细甄别。

无论教育资源和学习方式上，学生有机会接触各种网络资源，并与不同人群进行问答和共享，这也对传统的教师角色带来挑战。资源的丰富伴随质量的参差不齐，这意味着教师需要给学生做筛选并引导。交流的便捷也给学生带来更多的想法，这同样需要教师帮助学生加以鉴别、补充和修正。教师的角色从知识提供者，变成了引导者。对教师来说，也需要回归学习者角色，实现自己的个性教育和终身教育。

3. 教育技术在教学设计中的应用原则

在现实的数学教学中，常常能看到有的数学教师对现代技术手段漠不关心，一如既往的保持着传统数学教学手段，比如粉笔、黑板、几何模型教具等，而有的数学教师对技术十分狂热，以至于教学设计已经不是从数学教学本身出发，而是为了使用技术而使用技术。实际上，对于技术的选用，可以参考以下原则。

(1)服务于学生对数学的理解

数学的学习要以理解为基础。对数学的理解、运用是数学学习的基本要求，不理解数学原理，就不可能用数学去解决问题，更不要谈对数学进行深入学习。因此，使学生理解数学，而不是机械的学习数学，在教学设计中，技术运用是否更有利于学生理解数学、运用数学，是需要充分考虑的，其次才是问题解决。因为基础教育阶段的数学教育的基本目标是让学生掌握数学的基础知识、基本技能，掌握数学的基本思想，积累数学活动经验，发展学生的能力和素养。其中"四基"是最基本的前提。

如在几何部分(如立体几何的图形旋转)、代数部分(如三角函数的周期性)、平面解析几何中的轨迹等教学内容上，为培养学生几何直观的需要，教师可以在教学设计中引入几何模型、图形计算器、视频动画、动态几何教学软件(如 GeoGebra)等，通过技术支持下的便捷的作图功能，让学生更方便的探索发现图形变化的规律，得出相应的结论，从而让学生更好理解数学概念、命题的发现过程。进一步的，作为优秀的数学教师不能只停留对技术表层的认识，还需要对其中的数学原理、技术原理有很好地理解。在利用动态几何教学软件作平行四边形时，教师可能会产生疑问——这里作出的平行四边形四边全是直线，怎么把直线变为线段呢？产生该问题的主要原因在于，该教师不理解动态几何软件中暗含的几何原理。因此，不仅要知道"怎么做"，理解"为什么"。根据欧氏几何原理做出的平行线是直线，要作线段，需重新在该平行线上通过"两点之间确定一条线段"来完成构造，然后把刚才的平行直线隐藏起来。再如，演示角平分线所分成的两个角经过对称变换是完全重合的。不但涉及对几何原理的领悟，而且涉及"变换和动画"等技术技巧。技术并不是把所有的形象、结果直接展现给学生，要创设更丰富多样的空间，激发学生学习兴趣，引导学生用数学的眼光去观察、思考。

(2)注重对数学问题的探究

学生的技术化程度与教师的技术设计紧密相关，形成于教师的技术化设计中，学生的技术化表现就是具有善于发现、操作、探究的学习品质，能够成为技术的主宰者，用思维驾驭技术，使得问题获得解决，能力获得拓展。但学生的技术化关键要靠教师引导，是在一个长期的技术活动和问题设计中逐步形成的，这个过程将可能引起学生的学习态度和学习方式发生积极的改变，问题解决的途径获得扩展，学习能力得到增强。基于信息技术的课堂设计，一般按照"是什么—为什么—怎么样"的程序思考信息技术展现的情境。一方面丰富学生的直观感知，促进其对数学的理解；另一方面增加课堂的探究味，激发学生的探究热情。这两个方面让学生学会利用信息技术来理解问题和探究问题，学会用思维来驾驭技术。信息技术环境的各种优势和局限性也影响着主体问题解决的策略和相应的观念，并且能够引起主体活动图式的适应和发展。

案例：抛物线及其标准方程引入教学片段

1. 创设情境　激发兴趣

视频讲述有关阿基米德的故事，引出抛物线的模型。

(传说公元前215年，古罗马帝国派强大的海军，乘战舰攻打古希腊名城叙拉古。阿基米德发动全城的妇女拿着自己的铜镜来到海岸边，站成一条完美的曲线，让手中的铜镜反射的太阳光恰好集中照射到敌舰的船帆上让敌舰起火，为什么能有如此强大的威力呢?)

设计意图：通过视频故事引入，激发学生学习兴趣，为抛物线的应用做好铺垫，培养学生直观想象能力。

2. 师生探究　抽象定义

结合信息技术，运用几何动态作图软件作图：

点 F 是定点；l 是不经过点 F 的定直线；H 是 l 上任意一点；过点 H 作直线 l 的垂线 n；作线段 FH 的垂直平分线 m 交 n 于点 M；拖动点 H，观察点 M 的轨迹。

观察与思考1：过点 H 的直线 n 与直线 l 垂直，说明了什么?

教学预设：点 M 到直线 l 的距离恰好为线段 MH 的长。

观察思考 2：点 M 在线段 FH 的垂直平分线上，有什么特点？

教学预设：线段 MF 的长等于线段 MH 的长，进而点 M 到定点 F 的距离与到定直线 l 的距离相等。

设计意图：让学生观察，随着点 H 的移动，点 M 到定点 F 的距离与到定直线 l 的距离始终相等，引导探索与思考，抽象出抛物线的本质属性，给出定义，培养学生的抽象概括能力，提升学生数学抽象素养。

学生总结，教师提炼，并给出规范正式的定义：平面内与一个定点 F 和一条定直线 l 距离相等的点的轨迹叫作抛物线（parabola）。定点 F 叫作抛物线的焦点，定直线 l 叫作抛物线的准线。

（3）考量技术投入的性价比

现代教育技术与数学教学的深度融合的目的是为了促进学生的数学学习，技术只是手段不是目的，因此不能喧宾夺主。教师应尽量在不影响教学效果的前提下简化手段。无论是教师教学设计、课前准备，还是课堂上学生的学习时间都是非常宝贵。而技术的运用本身是有人力成本和资源成本。如果用和不用技术的效果是一样，或者不用技术的效果会更好，就不应该考虑用技术手段、例如，很多教学手段都可以展示一个静态的平面图形或几何图形，用粉笔板书或几何实物模型比用动态几何教学软件绘制在时间和精力成本上要经济，就不应该用技术展示。

将简单问题复杂化，为了数学课堂教学"丰富多彩""形式多样"，甚至是展示个人的技术优势，"只是为公开课、教学评比展示的需要，其实平时根本不用"，往往是一个技术使用过程中的一个误区。现代技术为数学教学提供了多样化的选择，但教师在日常教学中，且不可一味追求技术应用，将简单问题复杂化。

案例：排列与排列数公式

这一节课的教学设计与实施中，教师可以引用汽车牌照号码的实例，举例"随着人们生活水平的提高，某城市家庭汽车拥有量迅速增长，需要扩容，交通管理部门出台了一种汽车牌照组成办法，每一个汽车牌照都必须有 3 个不重复的英文字母和 3 个不重复的阿拉伯数字，并且 3 个字母必须合成一组出现，3 个数字也必须合成一组出现，字母在前，数字在后，那么这种办法能给多少辆汽车上牌照？"在举出这个实例的同时，有的老师播放汽车拥挤的视频、车牌等，其实是没有必要的。在这一节，学生学习了排列的概念后，教师一般情况下会出示一组基础训练题：

判定下面问题哪些是排列问题，如果是，请求出排列数。

a)2，3，5，7，11，13 这 6 个质数任选两个相乘；

b)2，3，5，7，11，13 这 6 个质数任选两个相除；

c)从 10 名篮球运动员中任选 5 人上场比赛；

d)10 位同学随机选 6 位，到不同的地方值班。

(4)考虑学情特点

这包括学生的年龄、性格和学习风格等特点，这里需要一般性(如学生数学学习的认知发展阶段特点)和特殊性(所任教的学生的特点)的结合。

低年级的学生注意力保持时间较短，容易分散，教师在教学设计中需注意声、色的结合，比如动画、动图、音频、实物模型等，但要控制对"度"的把握，此外要参考上面两个原则——用最省力简洁的方式创设情境，吸引学生的数学学习兴趣和注意力。

高年级的学生具有较持久的注意力，因此教学手段的选择要偏重帮助学生理解教学。从帮助理解为出发点，选择和使用传统的还是现代的教学手段便不再那么重要。

(5)注意优势互补

技术本身是一个中性词，即教学设计和实施要根据传统教学手段和现代技术教学手段的特点、功能和各自优势来配合使用，目的是实现教学效果的最大化。

传统教学手段可以通过教师的言语、表情、手势、板书等，所表现出的人格上的感染力，尤其是证明题中的步骤书写、几何图形的描画等，这些通过教师体现出的数学魅力是再炫酷的技术呈现也无法比拟的。而现代技术所具有的直观化功能、快速准确计算等，也是传统教学手段望尘莫及的。因此教师在教学设计中要结合两种手段的优势，在比例上让两者既互补又平衡。

数学教育在改革中不断发展。新科技会为数学教育源源不断的输送新的可用的教学手段。新的手段会越来越先进，牢牢把握上述四个原则，数学教师以及传统教学手段的作用仍将不可替代。教师在教学中面临更多选择的同时，需提高自身的鉴别筛选资源的能力以及不同技术和资源的整合能力。

教育信息化的目标是培养学生的信息素养，让学生能够适应信息化社会的发展，其次目标是在科研和教学中，加强对信息技术手段的应用，让教育信息资源得到更有效的开发和运用。

9.2　教学设计中的信息技术运用

"黑板＋粉笔"的数学教学方式容易造成灌输教学，使得学生过度依赖教师，降低对数学学科的兴趣。这种被动式的学习方式不利于培养创新思维和自主学习能力。恰当运用信息技术，可以在一定程度上弥补这些不足。

本节将从数学教学设计与信息技术深度融合内容呈现、探究活动开展、混合式教学方式选择和网络资源运用四个方面，探讨如何在教学设计中整合技术资源来服务教学。

1. 内容呈现，情境创设丰富多样

借助于信息技术多样的表征优势，数学教学内容既可以呈现出单一的文本形式，又可以同时呈现出图象、文字、声音等立体化、动态化的形式，数学教学内容的选择、组织、加工，为教学内容的设计提供了极大的便利。例如，图形的展开、合并、折叠、运动变化、轨迹追踪演示成为可能。数学中很多概念的形成靠传统的教学方法很难呈现，而运用多媒体课件却可以轻松地吸引学生的注意力，让学生获得最直观的感知，提高学生学习的积极性。例如，在探究圆锥曲线时，如果用传统手段设置情境，效果不明显，比较死板。而引入多媒体教学，则可以生动展示曲线的形成过程及变化趋势，横向纵向研究曲线之间的异同，加深对概念的理解、对曲线的认识。又如在教学正弦曲线的图象时，利用多媒体将单位圆慢慢展开，让学生深刻体会到正弦曲线的形成过程，明白知识的来龙去脉，使得学生更加深刻地认识图形，收到更理想的教学效果。所以，在数学教学中，教师要将知识和信息技术有效结合，高效整合，发挥多媒体的优点，提高课堂教学效率。采用"粉笔＋黑板"讲授时，不容易作出复杂的图形，也不容易探究图形间蕴藏的几何关系。信息技术使数学史融入课堂教学成为可能，如讲授拼图与勾股定理时可以用动态几何教学软件揭示勾股定理的历史文化，这不仅让学生感受到了数学历史文化的深邃，更让学生感受到了"数学是美的""数学是可以欣赏的"。

2. 设计恰当问题，让学生探究发现

信息技术可以运用于学习过程中的各个环节。信息工具具备计算、作图、模拟等功能，有助于学生学习过程中开展探究、质疑、猜想、推广，进行数学实验，还可以通过分工、协作，甚至是远程跨学校、跨地区、跨国开展合作学习交流与研讨，进行探索、发现、研究。这是传统的教学方式无法实现的。

例如，在"简单的轴对称图形"一课中，需要学生动手操作活动、积累数学活动经验、抽象出轴对称的本质属性，实物模型演示会受到模型大小、形状的限制，利用信息技术动态几何教学软件，可以展示丰富多样的图形、实际场景，让学生从中感受对称就在身边，加深理解。在理解简单轴对称图形的性质时，可以让学生通过合作交流、探究发现，总结概括出对称的性质。在教学设计时，可采用小组合作的形式让学生仔细观察图形的特点并作猜想，尝试使用动态几何教学工具进行探索、交流、验证猜想或发现结论。类似函数图象的性质，都可以采用这种方式进行。

案例：导数的概念教学片段

1. 复习旧知，导入新课

播放高台跳水运动员跳水视频。

运动员相对水面的高度 h（单位：m）与起跳后的时间 t（单位：s），让学生用函数关系表示：$h(t)=-4.9t^2+6.5t+10$。

问：运动员在 $0\text{s}\leqslant t\leqslant \dfrac{65}{49}\text{s}$ 这段时间里的平均速度是多少？并思考：运动员在这段时间内是静止的吗？是否可以用平均速度描述运动员的运动状态？为什么？

回顾上节课计算、交流的结果，提出研究的问题。

问题 1. 高台跳水运动员相对于水面的高度 h（单位：m）与起跳后的时间 t（单位：s）的函数关系为：$h(t)=-4.9t^2+6.5t+10$。求运动员在 $t=1\text{s}$ 的瞬时速度。

2. 问题探究

运动员的瞬时速度怎么求？瞬时速度和平均速度是什么关系？

师生共同确定想法：计算 $t=1$ 附近的平均速度，细致地观察它的变化情况。引导学生"以已知探求未知"，即从平均速度入手，寻求解决瞬时速度的思路，明确研究方法的合理性。将问题具体化，即求运动员在 $t=1\text{s}$ 时的瞬时速度。

3. 小组合作，解决问题

当 Δt 取不同值时，计算平均速度 $\overline{v}=\dfrac{h(1+\Delta t)-h(1)}{\Delta t}$ 的值。

教师适当引导学生采用数学符号将想法具体化，明确计算公式；要求学生分组合作，通过学生亲自计算引导他们发现平均速度的变化趋势；要求学生熟悉符号运算，并借助于计算器、动态几何教学软件或其他工具进行计算、作图、探索；要求学生通过观察动画，看到更多的 Δt 和 $\bar{v}$ 的值，发现随着 Δt 逐渐趋近于 0，平均速度更加趋近 $t=1\mathrm{s}$ 的瞬时速度。

3. 线上线下混合教学，革新教学模式

混合式教学的本质是传统教学手段和现代技术手段在应用层面的联姻，最具代表性的是翻转课堂。翻转课堂是一种颠覆传统的课堂教学模式的新模式，基本特点是先学后教，将传统的教与学的顺序进行了颠倒。与翻转课堂同时兴起的是 MOOC(慕课)课程与资源。过去，教育技术一直处于"辅助"地位，是传统课堂的补充和延伸，但在翻转课堂和 MOOC 中，技术本身成为主导性资源。优质 MOOC 群提供了大量优秀的学习资源，学生不仅可以进行基本的数学知识的学习，还可以通过在线测试来检验课前学习的效果。教师可以根据测试的结果来找到学生课前学习存在的突出问题，还可以通过 MOOC 指导与监督学生的课前学习，开展线上线下结合的混合式教学。混合式教学具有如下基本特征：

(1)课堂教学结构的重构：先学后教学，由学生自主学习课程内容来完成知识传授过程，而这些内容往往利用多样化的 MOOC 课程资源来实现，原来学生课下做作业的活动转移到了课上。颠倒了大多数课堂教学结构流程。

(2)教学组织形式的变革：和传统课堂相比，引入过程、新知识的讲授过程发生了很大变化，从课堂上教师和学生共同完成变为学生课下观看 MOOC 课程资源，然后系统自动生成或教师根据不同学生的需求提供个性化的教学，再进行针对性的指导、答疑。

(3)师生角色的转变：学生与教师的地位出现重要的变化，教师从以往教学中知识的传授者和课堂的管理者转变为学生学习的指导者和促进者，学生成为主动学习者、探索者，成为真正的课堂学习活动的主体。教师成为教学活动的平等的对话者、协调人，教师的权威、话语权、影响力相对降低，学生的主体性比传统课堂教学模式更突出。翻转课堂的核心理念是"突出学生的主体地位"。

(4)教学环境得以拓展：教学环境可以不局限于所在的教学班级，可以突破时空的限制，可以跨班、跨学校、跨区域，甚至超越国界，下载视频、查阅资料、合作探究。

(5)评价方式多元、科学：翻转课堂可以充分利用网络大数据，平台资源开发的科学家的测评工具，对数学学科核心素养、问题解决能力进行测评，实现形成性评价、发展性评价。

9.3 教学实施案例与研究

翻转课堂2.0模式是山东省昌乐第一中学近年来进行教学研究、实践与探索不断发展形成的一种教学模式。其基本核心理念是"先学后教，以学定教"，这种模式下的数学教学主要由学生通过微课自学质疑，完成课时主要内容，教师基于网络平台学生自学内容的反馈，在训练展示课上进行疑难突破，总结提升，以达到预期的效果。这种混合式教学必将促进"教师讲，学生听"的知识传递的传统教学范式向立足学生综合能力培养的新教学范式转变——教师作为知识建构及探索发现的组织者、引导者、行动中的首席，通过推荐或提供学习资源（工具），引导学生发现问题、提出问题（或教师设计问题）、解决问题，有助于学生构建知识并提高能力。但在实施过程中，如果运用不当，资源开发不到位，往往又会带来很多问题，理想与现实之间还存在着很多迫切需要解决的现实问题。如当学生尤其是文科班学生遇到"直线与圆锥曲线中的定点定值"难度较大的问题时，常常会没有思路，无法下笔，自学质疑课往往成了摆设课，几乎没有效率，微课中的讲解也仅仅是就题论题的讲解，微课助学也难以达到预期的效果。

如何提高学生的学习效率，发挥微课的效用是教学实践面临的最大困惑。近两年来，在北京师范大学曹一鸣教授带领的专家团队指导下，以数学课堂教学中迫切需要解决教学困难为抓手，不断完善并形成了翻转课堂2.0模式，在提升学生学习效率和效果等方面取得了一定的成效。

案例：直线与圆锥曲线中的定点定值问题

以这一课主要教学实施过程为例，从学案设计、微课制作、疑难突破及训练展示主要的教学实施环节，与大家分享教学改进实施与研究经验。

一、学案设计环节

初备本节课时主要选取了定值和定点两个方面的典型题目，具体如下：

题1（定值问题）过抛物线 $y^2 = 2px(p>0)$ 的焦点的一条直线与抛物线交于 A，B 两点，求证：这两个点到 x 轴的距离的乘积是常数。

题2（定点问题）已知 $\triangle AOB$ 的一个顶点为抛物线 $y^2 = 2x$ 的顶点 O，A，B 两点都在抛物线上，且 OA 垂直 OB；求证：直线 AB 与抛物线的对称轴相交于定点。

尽管还为这两个题目配备了简单的使用说明。微课助学8～15分钟；完成教材自学大约 20 分钟；合作互学、相互讨论 3～5 分钟；修改完善 3～5 分钟，但是将这部分内容仅仅通过单一的题目、简单的使用要求加以呈现，却忽视了学生的不同接受能力。另外，这两个题目本身给出的显性信息量相对较少，很多学生难以找到抓手，不能顺利解决该部分题目，最终导致该节课效率不高。

在北师大专家的精心指导下，综合考虑学生的因素，学生现有的水平和分析问题、解决问题的能力，编者进行了修改完善。第一次修改，首先在选题上降低了难度，将题 1 和题 2 分别更换为如下的题 $1'$ 和 $2'$，并相应增加了给学生提供抓手、引导学生思考的问题串。

题 $1'$　求证：双曲线 $\dfrac{x^2}{a^2}-\dfrac{y^2}{b^2}=1(a>0，b>0)$ 上任意一点 P 到两渐近线的距离的乘积为定值。

题 $1'$ 的追加问题串：(1)P 为任意一点能否先考虑特殊情况求出特殊值？(2)若 P 为任意点，如何表示点 P 到两渐近线的距离？(3)曲线上点的坐标与曲线方程什么关系？

题 $2'$　已知椭圆 C 的中心在坐标原点，焦点在 x 轴上，椭圆 C 上的点到焦点距离的最大值是 3，最小值是 1。(1)求椭圆 C 的标准方程；(2)若直 H 线 $l：y=kx+m$ 与椭圆 C 相交于 A，B 两点(A，B 都不是顶点)，且以 A，B 为直径的圆过椭圆 C 的右顶点 D，求证：直线 l 过定点，并求出该定点的坐标。

题 $2'$ 的追加问题串：(1)直线 $y=kx+m$ 过定点，只需找到 k 与 m 的关系，这种关系需要从哪个条件得到？(2)以 A，B 为直径的圆过椭圆 C 的右顶点 D，能得到怎样的关系，能否转化为代数运算式？(3)当式子中同时出现 x_1x_2 与 y_1y_2 时，考虑韦达定理，两者能否只用其中一个表示，该如何转化？

第一次修改完善的题目及问题串的使用对象是理科班学生，且课上达到了预期的效果。此外，鉴于第二次授课面对的学生是文科生，与初讲时面对的学生存在一定的差距，在一节课上解决高中数学的两大难专题显然效果不好。第二次修改将内容缩减为定值一个专题，但题量增加，专题专练。选取的具体题目及设置的相应问题串如下：

题 $1''$　已知椭圆 $\dfrac{x^2}{a^2}+\dfrac{y^2}{b^2}=1$ $(a>b>0)$ 的任一点 P 与 $M(-a，0)$，$N(a，0)$ 的连线的斜率分别为 k_1 和 k_2，求证：k_1k_2 为定值。

题 $1''$ 的追加问题串：(1)能否考虑特殊点 P 求出定值？(2)若 P 为任意点时，k_1k_2 怎么表示？(3)曲线上的点满足怎样的关系式？能否借助此关系消去其中的未知量?

题 2″ 求证:双曲线 $\dfrac{x^2}{a^2} - \dfrac{y^2}{b^2} = 1$ $(a>0,b>0)$ 上任一点 P 到其两渐近线的距离的乘积是定值。

题 2″ 的追加问题串:(1)P 为任意一点能否先考虑特殊情况求出特殊值?(2)若 P 为任意点,如何表示点 P 到两渐近线的距离?(3)曲线上点的坐标与曲线方程什么关系?

题 3″ 过抛物线 $y^2 = 2px$ $(p>0)$ 的焦点的一条直线 l 与抛物线交于 A,B 两点,求证:这两个点到 x 轴的距离的乘积为常数。

题 3″ 的追加问题串:(1)过焦点的一条直线 l,能否考虑特殊情况,求出常数?(2)过焦点斜率存在并且不为零的直线方程怎么设?(3)两个点到 x 轴的距离的乘积怎么表示?出现这个式子一般向哪些方面考虑?

提出的引导性问题串呈现一定的层次性,使得基础比较弱的同学也有能力完成,达到同一部分内容面对不同层次的学生都能发挥出较好效果的目标。

二、微课制作环节

初备本节课时,以简单的录课笔为工具,借助多媒体给学生单纯地讲解求解过程,其效果和传统的教师教、学生学没有明显区别,体现不出微课的优势之处,更重要的是忽略了对学生的基本技能的挖掘。

在专家指导后,精心制作了 PPT,每个微课中对每个题的处理方式虽大致相同,但又各有不同。首先,每个微课的形式基本统一,都是对提出的问题进行恰当的引导,并逐一进行作答。既引导学生对题意条件进行分析,重视了对问题的转化,又提升了自身分析问题解决问题的能力;其次,借助于微课重点突出了易错点、难点的讲解,重视思路方法的总结以及通式通法的应用;最后,不同层次的学生可以根据自己的不同需要,有选择地观看微课,并且可以多次观看。它们的不同之处体现在:微课一中题 1 若以另一种问题(填空或选择题)的形式出现,会有什么好的解决方法?这体现了一题多解的思想,拓展了学生的思维能力;微课二是关于题 2 的解决方案,由于题目相对较难,教师重视了对已知条件的分析,条件中"以 A,B 为直径的圆过椭圆 C 的右顶点 D"这句可以转化到哪些有用的结论。对关键点进行了挖掘,直径所对的圆周角为直角,出现了垂直关系,作为解析几何的题目一般向哪方面转化?侧重提升;微课三则突出了通性通法的总结,让学生明确遇到直线与圆锥曲线相交问题一般就向韦达定理的应用这方面考虑。这样通过微课学习既能解决学案中的疑难问题,又能拓展知识,总结提升基本的思路方法。

三、疑难突破环节

初备本节课时只考虑到学生遇到难题没有思路、不会方法的问题，主要注重了对题目思路、方法的分析，分析了过抛物线 $y^2 = 2px(p > 0)$ 的焦点的一条直线与抛物线交于 A，B 两点，到 x 轴的距离的乘积如何求解，却忽视了学生的实际接受能力和自身的分析问题解决问题的能力。试讲时主要考虑到学生现有的水平，侧重于对能力的培养，突出、对条件的挖掘。在定点问题中侧重于对条件"以 A，B 为直径的圆过椭圆 C 的右顶点 D"的分析，运算技巧上的点拨，如在等式 $y_1 y_2 + x_1 x_2 - 2(x_1 + x_2) + 4 = 0$ 的化简运算技巧中，首先要对下列式子进行化简 $y_1 y_2 = (kx_1 + m)(kx_2 + m) = k^2 x_1 x_2 + mk(x_1 + x_2) + m^2 = \dfrac{3(m^2 - 4k^2)}{3 + k^2}$，再代入求值，方便快捷，也充分体现了本节课的重难点。

在正式讲课时设计了三部分内容，一是反馈问题学案，学生出现的问题相对比较集中，比较典型，反馈出错误的找出不足，使得这节课更有针对性；二是抓住本节课的关键点，对题目条件进行分析，如"P 为曲线上任意一点"中"任意"二字的理解：具有特殊性可以取特殊值，也具有一般性。问题的转化都得以解决，提升了学生分析问题、解决问题的能力；三是重视方法规律的总结，如：过已知点的直线的设法，直线和曲线交两点的定值问题的常规求法，使学生更有效地把握一类问题的解决方案。

四、训练展示环节

编者主要从训练展示案的形式和内容处理方式两个方面做了调整。

1. 训练展示案形式上的变化

初备选题时只关注了涉及圆锥曲线中的定点定值问题的典型题目，没考虑学生的实际接受能力。如开始选的两个典型题目。

A组 1　已知椭圆 C 的中心在坐标原点，焦点在 x 轴上，椭圆 C 上的点到焦点距离的最大值是 3，最小值是 1。(1)求椭圆 C 的标准方程；(2)若直线 $l: y = kx + m$ 与椭圆 C 相交于 A，B 两点（A，B 都不是顶点），且以 A，B 为直径的圆过椭圆 C 的右顶点，求证：直线 l 过定点，并求出该定点的坐标。

B组 2　已知椭圆 C 过点 $A\left(1, \dfrac{3}{2}\right)$，两个焦点为 $(-1, 0)$，$(1, 0)$。(1)求椭圆 C 的标准方程；(2)E，F 是椭圆 C 上的两个动点，如果直线 AE 的斜率与 AF 的斜率互为相反数，证明直线 EF 的斜率为定值，并求出这个定值。

专家指导后，在试讲时对选题及内容的设计进行了如下调整：首先在选题

上降低了难度。其次在使用说明上增加问题串进行引导。如

A组1′ 已知椭圆 $\dfrac{x^2}{a^2}+\dfrac{y^2}{b^2}=1(a>b>0)$ 上任意一点 P，点 $M(0,b)$，$N(0,-b)$ 在椭圆上，求证：$k_{PM} \cdot k_{PN}$ 为定值。

A组1′的追加问题串：(1)能否考虑特殊点 P 求出定值？(2)若 P 为任意点时，$k_{PM} \cdot k_{PN}$ 怎么表示？(3)曲线上的点满足怎样的关系式？能否借助此关系消去其中的未知量？

B组2′ 如图，已知 $\triangle AOB$ 的一个顶点为抛物线 $y^2=2x$ 的顶点 O，A，B 两点都在抛物线上，且 OA 垂直 OB。求证：直线 AB 与抛物线的对称轴相交于定点。

B组2′的追加问题串：(1)求证直线 AB 与抛物线对称轴交于定点，说明直线 AB 斜率无论怎么变化都是围绕一定点转动，能否先考虑特殊情况求出定点。(2)抛物线 $y^2=2x$ 的对称轴是什么？直线 AB 的方程是什么，能否借助两点的坐标求得。(3)$A(B)$点的坐标能否借助点 $A(B)$ 为直线 $OA(OB)$ 和抛物线的交点求解？OA 与 OB 的斜率什么关系？能否考虑用一个量来表示？

这样通过问题的引导，能导出学生解题的思路，导出对问题的转化方向，使问题的难度呈现阶梯性降低，使得大部分同学能够有能力解决该题目；再者，在选题上也降低了难度，能尽量满足不同层次的学生，使得不同层次的学生都能提升自身能力。

此外，考虑到学生的实际情况，在给文科班学生正式讲授时，内容缩减为定值一个专题，每题都以问题串的形式引导学生分析题意，通过问题的引导使学生找出解决题目的思路方法，并且在题目的选取上也再次降低了难度，以满足大部分文科生的需求。

A组1″ 过抛物线 $y^2=2px$ $(p>0)$ 上一点 $M\left(\dfrac{p}{2},p\right)$ 作倾斜角互补的两条直线，分别与抛物线交于 A，B 两点。求证：直线 AB 的斜率为定值。

A组1″的追加问题串：(1)倾斜角互补的两条直线的斜率是什么关系？(2)交点 A，B 坐标能否用一个未知量表示？(3)斜率公式是什么？

B组2″ 已知过抛物线 $y^2=2px$ $(p>0)$ 焦点 F 的直线交抛物线与 A，B 两点，求证：$\dfrac{1}{|AF|}+\dfrac{1}{|BF|}$ 为定值。

B组2″的追加问题串：(1)过焦点的直线方程怎么表示？(2)应用抛物线的定义 $|AF|$，$|BF|$ 如何转化？(3)联立方程组消元后考虑韦达定理求值。

2. 训练展示案内容处理方式上的变化

在内容处理方式上，考虑到该部分题目的特点，试讲时依然按照以前的教师主讲的教学模式，先帮助学生分析题意，引导学生如何将现有的条件转化，再让学生完成学案，忽视了学生自身能力的培养。题目 2 的处理上重视了一题多解，给出了三种方法，忽视了学生的接受能力，导致了结果比较混乱，效果不好。再者注重了变式练习，本想拓展学生的视野，结果学生的实际问题解决不了，导致了这节课的容量太大，学生负担不起。

正式讲课时，学生能根据学案中问题提示独立完成学案并展示，学生点评，教师适当补充，整个过程重视了学生的主体地位，充分体现了对我校翻转课堂 2.0 模式下的部分环节的落实。

五、总结反思

在专家指导下，紧扣课堂教学评价系统，采用"以点带面"促进团队教研发展的思路和方法，改进课堂教学。在课堂教学改进的具体实践探索中，对具体执行者而言，无论是在教学设计与实施方面，还是在教学理论运用、数学教学知识理解以及教师专业发展等方面，都有更深的感悟。

1. 学案设计以"问题驱动"下的问题串为引导

学案是教学中的基础性材料，是开展教与学活动的内容依托。最初的学案中呈现的只是几个单一的数学题目，而且题目整体难度较大，显性信息量相对较少，又缺乏铺垫，不在大多数学生的最近发展区。自然，这样的学案并不可取。在专家指导后，学案设计以"问题驱动"为指导思想，以引导性问题串的形式加以呈现，并且问题的难度也呈阶梯性降低，以满足不同层次学生的需求，即便基础比较弱的同学也有可能完成，进而使得同一部分内容面对不同层次的学生都能发挥出较好的效果。总而言之，以"问题驱动"为指导，以问题串为引领的学案更能够满足不同学生的个性化需求，更能够有针对性地服务于课堂教学。

2. 微课制作以满足学生个性化需求为中心

微课是采用翻转课堂 2.0 教学模式进行教学的数字化材料，是学生课前自主学习解惑的重要辅助材料。最初的微课制作仅单纯地讲解题目的求解过程，容易陷入就题论题的局面，未能凸显微课的优势之处。在专家指导后，对每个微课的制作更精心，保持形式统一却不规避差异，且更加注重细节。微课中继续坚守问题的引领作用，并将重点放在对题目条件的分析、关键点的挖掘、疑难点的突破上，以让不同层次的学生可以基于自身学习需求有选择地观看。总之，以问题做引领的、以满足不同学生需求的、以学生为中心的微课制作，更能够有针对性地服务于学生的自学质疑，更能够发挥出其助学、助教的效用。

3. 课堂教学以双线混合式教学为依托

课堂是学生在校学习的主阵地。如何改进课堂教学、提升教学质量、促进学生发展是教育教学的不变追求。双线混融教学模式充分展现了"以学生为中心"的教学理念在教学实践中的落实，并且在教学实践中取得了不错的效果，可以纳入改进课堂教学的重要教学方式之中。还可以在教学中不断优化，在优化中不断推广，让双线混合式教学成为教学的重要依托方式。

此外，2020年新冠疫情的暴发让线上教学走向了大规模的实践，在和传统的线下教学的对比中也展示出了各自的优势与不足。从"混合"走向"融合"，"双线混融教学"是未来课堂教学方式变革的一种可能选择，也是改进课堂教学、提升教学质量的重要依托。当然，双线混融教学的实施，对教师的专业发展也提出了一定的诉求，双线混融教学胜任力是新时代教师需要发展的一种教学能力。因此，课堂教学改进的良好推行，需要作为具体执行者的教师在专业素养方面不断发展。

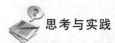 **思考与实践**

1. 为什么要在数学教学中重视现代信息技术与数学教育的深度融合？

2. 信息技术对数学课堂教学方式有什么影响？

3. 教师如何运用网上资源丰富教学内容，改变教学方式？

4. 选择运用一种教学软件，设计一个概念引进的教学片段。

5. 选择运用一种现代技术手段，设计一个命题的探索发现过程的教学片段。

 拓展资源

1. 孙彬博，郭衎，曹一鸣. 信息技术与数学教学"深度融合"：理想与现实[J]. 教育研究与实验，2019(5)：45—50.

2. 教学设计视频案例：幂函数的性质与图象（上海市回民中学 李成萌）。

参考文献

[1]LEUNG F. The Mathematics Classroom in Beijing，Hong Kong and London[J]．Educational Studies in Mathematics，1995，29(4)：297-325.

[2]曹一鸣，李俊扬，秦华．我国数学课堂教学评价研究综述[J]．数学通报，2011，50(8)：1-5.

[3]曹一鸣．数学教学论[M]．2版．北京：北京师范大学出版社，2017.

[4]曹一鸣，严虹．中学数学课程标准与教材研究[M]．北京：高等教育出版社，2016.

[5]陆明明．数学教科书例题的分类及其教学建议[J]．数学教育学报，2018，27(2)：54-58＋102.

[6]王富英，柏丽霞．数学高考复习效率的调查与分析[J]．数学教育学报，2008(4)：40-42.

[7]宋波，安永宏，杨志龙．高三概率复习策略实验研究[J]．数学教育学报，2013，22(4)：75-79.

[8]于国文，曹一鸣．跨学科教学研究：以芬兰现象教学为例[J]．外国中小学教育，2017(7)：57-63.

[9]李欣莲，曹一鸣．合作问题解决能力的培养——基于美国高质量数学教学的研究与启示[J]．教育科学研究，2019(4)：79-34.

[10]中华人民共和国教育部．义务教育数学课程标准(2011年版)[M]．北京：北京师范大学出版社，2012.

[11]中华人民共和国教育部．普通高中数学课程标准(2017年版)[M]．北京：人民教育出版社，2018.

[12]杨孝斌，吕传汉，汪秉彝．三论中小学"数学情境与提出问题"的数学学习[J]．数学教育学报，2003(4)：76-79.

[13]曹梅，白连顺．面向数学问题解决的合作学习过程模型及应用[J]．电化教育研究，2018，39(11)：85-91.

[14]李学书．STEAM跨学科课程：整合理念、模式构建及问题反思[J]．全球教育展望，2019(10)：59-72.

[15]丁益民．章节起始课"不等关系"的教学与思考[J]．中学数学月刊，2016(1)：41-44.

[16]傅赢芳，喻平. 从数学本质出发设计课堂教学——基于数学核心素养培养的视域[J]. 教育理论与实践，2019，39(20)：41-43.

[17]程新展. 整体观指导下培养学生数学核心素养的实践[J]. 教学与管理，2019(22)：58-60.

[18]上海市教育委员会教学研究室. 初中数学单元教学设计指南[M]. 北京：人民教育出版社，2018.

[19]上海市教育委员会教学研究室. 高中数学单元教学设计指南[M]. 北京：人民教育出版社，2018.